U0268445

　　本书的研究工作主要来源于国家自然科学基金"往复机械振动的双树复小波包分析与在线异常检测方法研究"（国家自然科学基金 51305454）和"齿轮箱早期故障信号分析与智能识别的数学形态学方法"（国家自然科学基金 51205405）等项目成果

基于量子理论的滚动轴承
振动信号降噪方法研究

王怀光　陈彦龙　吴定海　张峻宁　林利红　著

北京理工大学出版社
BEIJING INSTITUTE OF TECHNOLOGY PRESS

图书在版编目（CIP）数据

基于量子理论的滚动轴承振动信号降噪方法研究/王怀光等著．—北京：北京理工大学出版社，2019.3

ISBN 978 – 7 – 5682 – 6774 – 8

Ⅰ．①基…　Ⅱ．①王…　Ⅲ．①量子力学 – 应用 – 滚动轴承 – 轴承振动 – 噪声控制 – 研究　Ⅳ．①TH133.33

中国版本图书馆 CIP 数据核字（2019）第 035335 号

出版发行／北京理工大学出版社有限责任公司

社　　　址／北京市海淀区中关村南大街 5 号

邮　　　编／100081

电　　　话／（010）68914775（总编室）

　　　　　　（010）82562903（教材售后服务热线）

　　　　　　（010）68948351（其他图书服务热线）

网　　　址／http://www.bitpress.com.cn

经　　　销／全国各地新华书店

印　　　刷／三河市华骏印务包装有限公司

开　　　本／710 毫米 × 1000 毫米　1/16

印　　　张／12　　　　　　　　　　　　责任编辑／张慧峰

字　　　数／153 千字　　　　　　　　　　文案编辑／张慧峰

版　　　次／2019 年 3 月第 1 版　2019 年 3 月第 1 次印刷　　责任校对／周瑞红

定　　　价／65.00 元　　　　　　　　　　责任印制／李志强

前　　言

随着现代科学技术和工业的迅速发展，机械装备日益向大型化、复杂化、高速化、重载化、连续化、集成化等高度自动化的方向发展，造成机械装备日益复杂，零件数目显著增加，零、部件之间的联系更加紧密。现代的机械装备越来越体现了机械、电子电气、液压传动、光学、气压传动等多学科门类技术的集成，装备也向着高功率、高可靠性、大型化、可测试性、不可接近性或不需接近性的趋势发展。随之而来的就是机械装备安全性问题，这就迫切需要对其状态进行监测。一旦某一部分发生故障，往往会引起整个装备的瘫痪，从而造成巨大的经济损失和人员伤亡事故的发生。人们对机械装备的可靠性、可用性、可维修性、经济性与安全性提出了越来越高的要求。但是由于故障信号的采取往往伴随较多的污染噪声，因此，如何在机械装备运行中不拆卸的情况下，借助或依靠先进的传感器技术、动态测试技术以及计算机信号处理技术，掌握装备的运行状态，有效降低噪声提取故障信号，分析设备中异常的部位及其原因，并有效预测设备状态的未来趋势，是目前机械装备状态监测亟待解决的问题。

噪声的产生机理极为复杂，给设备的状态监测带来巨大困难。针对滚动轴承振动信号非平稳、非线性的特点，本书以量子理论为主要分析方法，针对滚动轴承振动信号降噪处理，提出了结合量子理论和数学形态学的降噪方法、结合量子理论和数理统计模型的降噪方法、基于量子Hadamard 变换的降噪方法，为滚动轴承的状态监测和故障诊断提供了新的技术途径和新的视角。

因此，本书在滚动轴承振动信号降噪分析现有研究成果的基础上，引入数学形态学、量子理论、Hadamard 变换等最新理论，将其应用于机械装备中滚动轴承的降噪信号分析过程。本书从不同的角度将量子理论应用于滚动轴承振动信号的噪声去除，在降噪的同时注重故障信号的增强，为滚动轴承运行状态的在线监测和故障诊断提供了新的理论和新的实现手段。全书共分为5 章。第1 章介绍了本书所用的实验平台和轴承内圈故障的频谱特点，在此基础上确定采用降噪指标、增强指标、频率指标作为全书降噪算法的降噪效果和故障信号增强效果的评价指标；第2 章提出了振动信号的在时域的量子化方法，可有效地表达滚动轴承运行状态的噪声信息和故障信息；第3 章在时域中基于量子比特建立了多量子比特系统，将其引入数学形态学用于结构元素参数调整，得到了自适应长度结构元素和自适应高度结构元素，进一步提高了数学形态学的非线性、非稳态信号处理能力；第4 章将量子理论从时域引入小波域，提出了3 种基于量子理论的小波系数收缩方法，进一步拓展量子理论的应用范围；第5 章提出了基于量子 Hadamard 变换的降噪方法，依靠量子理论独立降噪，解决了量子理论需要依靠其他理论方能完成降噪的缺陷。

本书的具体研究内容如下：

第1 章简要介绍了课题研究的背景和意义，总结了降噪处理方法的发展概况，探讨了基于量子理论的算法的研究进展，回顾了量子理论在机械振动信号分析领域的研究现状，并介绍了本书的思路框架和主要研究内容。

第 2 章研究了振动信号的量子化策略，在时域提出了振动信号的量子化方法，实现了量子理论与时域信号的融合。

第 3 章引入了数学形态学的基本理论，利用第 2 章的方法对振动信号建立了时域多量子比特系统，在此基础上提出了 2 种新的结构元素——自适应长度结构元素和自适应高度结构元素，并将其应用于滚动轴承振动信号降噪处理。

第 4 章将量子理论从时域引入小波域，借助数理统计模型将量子理论应用于小波系数收缩，提出了 3 种小波系数收缩方法，进一步扩展了量子理论的应用范围。

第 5 章在第 3 章和第 4 章的基础上，提出一种基于量子 Hadamard 变换的滚动轴承振动信号降噪方法。该方法完全借助量子理论完成降噪，摆脱了前两章的降噪方法必须依赖其他方法才能完成降噪的缺陷，为振动信号的降噪提供了一种全新方法。

作　者

目　　录

第 1 章

绪 论

1.1 机械故障信号降噪概述

滚动轴承是陆军现役武器装备的重要组成部件，当武器装备处于战斗状态，运转的滚动轴承必然产生振动，从装备采集的振动信号将包含丰富的运行状态信息。相比油液监测、声学测试等检测方法，振动信息具有容易获取、诊断范围广、不容易受到外界干扰等优点，且振动信号的采集、分析不影响滚动轴承的实际运转，相关研究成果可用于滚动轴承的在线不解体状态监测和故障诊断。因此，振动信号分析法成为对滚动轴承进行故障分析和状态监测最为广泛、也是最行之有效的方法[1,2]。但现场采集的振动信号通常受到较强的噪声干扰，故障信息往往淹没在强烈的背景噪声当中，难以提取反映滚动轴承运行的关键特征，导致当前的振动信号分析普遍存在现场数据丰富、有用知识匮乏的局面，极大地降低了振动信号的有效利用率，制约了滚动轴承的效能发挥。因此，研究快速有效的滚动轴承振动信号降噪方法对于预防突发事故、降低维修费用和提高装备战斗力意义重大，具有非常重要的经济和军事价值[3]。

由于滚动轴承振动信号是典型的非线性、非稳态信号，不同时刻具有不同的幅值和瞬时频率，国内外学者围绕小波分解、经验模态分解等非线性处理方法开展了大量降噪方法的研究，并取得了丰硕成果。然而，这些算法通常针对噪声的去除，缺乏对有用信息的关注，降低噪声的同时也减少了有用信息，制约了此类方法在强背景噪声下的应用。因此，需要进一步研究更加适合处理非线性、非平稳信号的降噪技术，以求在降低噪声的同时增强有用信息，进而提高滚动轴承振动信号分析的精度和效率。

量子理论近年来被逐步应用于信息分析，它完全不同于传统的信息表达方式，而是借助量子力学的观点将每一个信息视为某几种状态的叠加，从量子的角度来刻画和分析信息，大量的研究证明这一新观点的确立对信息的处理具有颠覆性的意义，目前各国尖端机构展开角逐的量子计算机和量子卫星，借助量子理论的处理方式，有望彻底改写军事战略攻防态势。研究表明，作为一种独具特色的信息分析方法，基于量子理论的算法不仅运算速度快，而且物理意义清晰，近些年来，在全世界范围内学者的大力推动下，基于量子理论的算法不断在数据优化[4,5]，快速检索[6,7]等传统数学和计算机领域获得崭新成就，并逐步在图像处理[8,9]中得到应用，但在振动信号分析方面，尤其是面向机械设备振动信号的基于量子理论的处理方法才刚刚起步[10-12]。

因此，本文以量子理论为基本框架，针对滚动轴承振动信号的降噪，研究量子理论在滚动轴承振动信号处理方面的应用技术，将量子理论与数学形态学、小波分析、数理统计等理论相融合，建立以量子理论为根本方法的滚动轴承振动信号降噪方法，在降噪的同时注重故障信号的增强，以提升滚动轴承状态监测的精度和效率。

本书的研究具有如下两方面的意义：

1. 理论意义

本书将量子理论与小波分析和数学形态学等非线性处理理论相融合，包含了量子理论与实际运用的结合，进一步拓展了量子理论的应用空间；提出的基于量子理论的滚动轴承振动信号降噪方法，进一步丰富了振动信号处理的途径；此外，本书的研究内容可以直接应用于其他领域的信息分析，比如医学信号监测、电力信号分析、数字图像祛斑和语音信号提取等诸多研究领域。

2. 工程意义

本书提出的基于量子理论的滚动轴承振动信号降噪方法，为滚动轴承提供了一种新的高效的状态监测途径，为精确地判定滚动轴承运行状态并拟定合理的维修措施提供了依据；同时，基于量子理论的降噪方法计算简单，硬件实现难度低，可用于武器装备的在线信号分析和状态监测。

1.2　降噪处理方法研究现状

1.2.1　傅里叶变换

傅里叶变换作为信号处理中的经典理论，在信号分析中一直发挥着重要作用，传统的傅里叶变换在非线性、非稳态信号的分析中已经逐渐减少，但将傅里叶变换与其他非线性理论结合的降噪方法仍得到了大量运用。

　　文献［13］以分数傅里叶变换为主要技术手段，针对退化图像提出了一种采用噪声估计的降噪方法。该方法通过分数傅里叶变换将含噪图像转换到分数域，分析不同噪声在分数域中的性质实现对图像的降噪。当图像由于各种因素引起退化时，或者图像在缺乏先验知识的情况下，此方法仍然可以实现图像的复原。文献［14］结合傅里叶变换和小波变换在降低图像噪声时的不同特点，建立了一种基于上下文模型的混合傅里叶－小波图像降噪方法。该方法一方面能够明显降低图像噪声，另一方面能够有效保留图像的细节内容，减轻了降噪过程中产生的吉布斯效应。经过分数傅里叶的变换后，不同的信息在分数域中往往呈现不同的关联性，基于此，文献［15］设计了一种采用分数 Fourier 变换的降噪方法，在降噪过程中注重解决传统滤波器需要事先确定窗函数参数的不足，并在滚动轴承振动信号的降噪中验证了方法的有效性。文献［16］研究了一种基于分数傅里叶变换的降噪方法，将其用于抑制 A/D 转换器在信息采集过程中产生的噪声。理论分析和试验结果均表明，该算法可以有效降低噪声，提升 A/D 转换器采集信息的信噪比。由于主轴运转时突然产生的不平衡而引发的非平稳信号不能运用传统的傅里叶变换对信号直接分析，文献［17］针对此问题研究了一种融合小波降噪与短时傅里叶变换的降噪方法，有效提取出主轴的振动大小。

1.2.2　小波分析

　　小波变换是目前运用最广泛的降噪方法之一，该方法具有完备的数学理论，通过运用小波函数分析不同尺度的信息，能够同时对高频信息和低频信息进行分析，而且通过对不同尺度的小波系数进行处理，能够提取出不同的信息，因此，小波变换被广泛用于噪声去除。

　　文献［18］研究了基于多小波自适应分块阈值的降噪方法，以

Stein 无偏风险估计作为限定条件，自动选择最佳的邻域范围和小波系数阈值，该方法能够有效减轻噪声影响，准确提取轧机齿轮箱中高速小齿轮的微弱故障特征。文献［19］首先采用总体平均经验模态分解方法（complementary ensemble empirical mode decomposition，CEEMD）获得信号的本征模态函数（intrinsic mode function，IMF），然后计算排列熵来筛选含有较强噪声的 IMF，最后利用小波阈值收缩方法去除干扰较强的 IMF 中的噪声。实验结果表明，基于 CEEMD 和排列熵的小波阈值降噪方法的性能高于传统的 CEEMD 分解降噪和小波阈值收缩降噪。当滚动轴承疲劳损伤处于初期阶段时，声发射信号往往淹没在强烈的背景噪声中，针对此实际问题，文献［20］研究了一种基于二次相关加权阈值的声发射信号小波包降噪算法，有效降低声发射信号中的噪声。文献［21］采用双树复小波对信号进行分析，一方面参照信号增强的思路，利用双树复小波不同分解尺度间的相关性增强故障信号，另一方面则运用块阈值方法消除噪声，通过邻域与空域的结合，大量降低背景噪声，有效提取机械设备在故障初期的特征。信号经过双树复小波分解之后，如果采用传统软阈值进行噪声消除，则容易导致局部相位偏移的不足，为解决这一问题，文献［22］对不同分解层次的系数求模，然后对系数采用非线性时间序列分析，消除随机噪声的干扰，最后再对系数采取软阈值去除直流信息，顺利提取轴承中的微弱故障成分。

1.2.3　S 变换技术

S 变换理论是对小波变换的进一步扩展，S 变换在变换时采取了宽度与频率成反比的高斯窗，在低频带利用较宽的窗能够得到较高的频率分辨率，在高频带利用较窄的窗能够得到较高的时间分辨率，该计算方式使得 S 变换同时具备了短时傅里叶变换和小波变换的优点。因此，S 变换成为非平稳信号信号分析中的一个高效工具，目前已在信号降噪中得到了大量研究。

文献［23］针对滚动轴承的故障冲击成分提取，提出采用 S 变换时频谱奇异值分解的振动信号降噪方法。仿真信号处理表明，该方法能够准确从低信噪比信号中获得故障的冲击成分；将该方法应用于滚动轴承故障信号分析，准确获得了故障特征频率，成功判定轴承故障的类型。文献［24］为了提高电能质量信号的信噪比，借助改进 S 变换研究了一种用于电能质量信号的噪声消除算法。该方法本质上采取了与小波阈值处理相类似的方法，但通过几种电能质量信号降噪试验分析表明，与小波降噪相比，该方法具有更强的降噪性能。文献［25］借助双曲窗函数，对电能质量信号进行 S 变换，通过处理信号的频率进而完成降噪，最后采用该算法去除 4 种典型的电能质量信号中携带的噪声，有效提取出了所需信息。

1.2.4　经验模态分解

经验模态分解（empirical mode decomposition，EMD）通过分析信号的波形变化，将信号自适应地分解成多个本征模态函数（intrinsic mode function，IMF）。与傅里叶变换、小波分析、S 变换不同，EMD 最大的特点是不需要确定基函数和分解层次，整个分解过程完全是自适应的。基于 EMD 的降噪方法已经开展多年，并取得了良好的降噪效果。

文献［26］为了确保电动机故障诊断的质量，研究了基于 EMD 的相关降噪算法，研究表明，EMD 降噪方法自适应能力强，实际应用简便，能够有效地降低轴承故障信号中的噪声，获得早期微弱故障的特征信息。由于单独使用经验模式分解或者小波变换降噪均具有一定的不足，文献［27］提出一种将 EMD 与小波软阈值处理相融合的降噪方法。该方法主要包含四个步骤：

（1）对采样信号利用 EMD 分解获得 IMF；

（2）单独计算各个 IMF 的峭度值，同时计算不同 IMF 与采样信号的互相关系数；

（3）利用 EMD 降噪中常用的互相关系数－峭度准则，确定需要进行降噪处理的 IMF 和需要从采样信号中去除的 IMF；

（4）对需要进行降噪的 IMF 利用小波阈值处理进行降噪，然后与未剔除的 IMF 相加得到最终信号。

将该算法用于仿真信号和轴承故障信号降噪，分析结果说明，该方法能够凸显轴承的故障特征，提高状态判别的精度和效率。文献［28］认为，滚动轴承的早期故障信号往往淹没在强背景噪声当中，严重干扰了故障诊断，为解决这一问题，作者研究了一种基于 EMD 降噪和谱峭度法的滚动轴承早期故障诊断新方法：利用经典的 EMD 方法对振动信号进行降噪预处理，再结合谱峭度优化带通滤波器的相关参数，最后运用带通滤波器和包络解调算法对故障信号进行分析，成功完成了轴承早期故障的诊断。

1.2.5 形态学方法

近年来，作为一种全新的非线性分析工具，形态分析表现出优异的分析能力。形态分析基于信号的几何结构特性对信号加以处理，通过分析信号的形态差异，进而有效提取信号的关键信息。与其他用于信号处理的方法相比，形态分析具有物理意义明确的优点，因此，采用形态分析方法降低信号的噪声，在克服传统降噪方法局限性的同时，将有助于提高相关设备的状态监测能力。

文献［29］研究了基于广义形态分量分析的降噪方法，首先把一维观测信号转换为多维虚拟观测信号，再借助广义形态分量分析方法，通过对观测信号的有效分离实现降噪。仿真试验和齿轮故障实验的分析结果均表明，该方法能够准确提取隐藏在背景噪声里的微弱故障成分。由于石英挠性加速度计获取的信号中包含各种来源的噪声，文献［30］研究了一种基于广义形态开－闭和形态闭－开组合的滤波器进行信号降噪，有效提取出所需信息。声发射检测技术中，形态分析方法同样得到了应用，文献［31］针对旋转机械设备中的有色噪声去除，对频域信号进行形态处理，降低了有色噪声的影响，有利于声发射信号进一步分析。文献［32］在对比研究数学形态学的基本滤波器之后，使用梯度法对传统的开、闭滤波器进行自适应加权，设计出一种组合的广义形态滤波器，并将其应用于染噪碰摩声发射信号的分析处理。结果分析表明，该方法提高了经典形态滤波器的降噪能力，给出了一种噪声去除的有效方法。文献［33］为了克服旋转机械的振动信号所面临的噪声污染和基线漂移两个缺陷，运用数学形态学中的开－闭和闭－开算子降低振动信号的噪声。实验结果表明，基于形态滤波的降噪方法能够有效地保留原信号的细节信息，有利于旋转机械设备的状态监测。

此外，除了前文提及的方法，还有许多有效的方法被运用到信号降噪中，如神经网络分析、时间序列预测、奇异值分解、贝叶斯估计等，这些算法在不同的条件下均能取得良好的降噪效果。

上述方法在不同的应用条件下均能取得良好的效果，但它们对信号的表达和分析，通常是建立在对信号的整体或者局部分析之上，在对信号进行降噪时，将噪声和非噪声一体化处理，同时对二者进行分析，由于噪声和非噪声混合在一起，难以彻底分割，这在一定程度上注定了上述降噪方法普遍在降低噪声的时候，不可避免地降低了非噪声信号。因此有必要引入新的理论，对现有的降噪方法进行改进。

1.3　量子理论研究现状

量子理论是一个极具革命性的理论，它的出现打破了传统的信息表达方式，它采用与传统信息表达方式大相径庭的全新表达方法，表现出优异的性能。量子理论的相关研究得到了各国的大力支持，美国、欧洲各国、日本、中国均投入大量资源开展量子理论的研究，并希望通过量子理论的实际应用，在国际竞争中取得优势。其中，美国注重量子计算的发展，致力于量子计算机的研发，希望通过量子计算来突破传统电子计算机的发展边界。美国陆军规划到2020年时，能够在武器中配备量子计算机，以进一步提高军事斗争能力。在我国的国家"十三五"规划纲要中，量子通信与量子计算机同时被列入国家科技创新重大项目。目前，我国在量子通信取得了世界领先成果，郭光灿科学团队设计出世界上第一个量子路由器，并在北京和天津之间成功实现了125千米光纤的点对点的量子密钥分配；我国2016年8月发射升空的全球第一颗量子卫星"墨子"号，在太空发送不可破解的密码以建立最安全的保密通信，"墨子"号的成功发射作为通信领域的里程碑事件，标志着量子通信即将走进生活，未来通信方式将发生深刻变化。

基于量子理论的算法正是一种合理利用量子理论的某些知识进行信息分析的方法，通过借助量子态的叠加性、相干性、纠缠性，现实世界中的很多客观规律得以准确表达。通过借鉴量子理论，有望对经典的方法进行提升和改进，进一步丰富现有的途径，推动相关领域的深入发展。

1.3.1 量子理论在通信领域的研究

量子理论在通信中的应用是量子信息的一个重要研究方向，它借助多体量子态的关联效应来传递信息，是一种全新的通信方法，与传统的经典通信方法比较，量子通信具有无可比拟的优势，可广泛应用于军事、医学、信息等领域，在全世界研究人员的努力下，关于量子通信的研究在理论和应用上都在不断取得进展。

文献［34］利用小型量子网络的传输特点设计路由表，基于路由表执行源量子节点到一跳、两跳目的量子节点的量子隐形传态，并基于量子理论修正由噪声引发的错误内容，克服了利用隐形传态时编码出错的问题，从物理层面确保了信息收发的可靠性。基于量子理论的多态通信系统在执行筛选后可用信息减少，为了解决这一问题，文献［35］融合测量基校正和量子安全通信的有关内容，研究了针对量子安全通信的随机多元基协议，能够在确保安全的情况下，实现远距离的信息传递。文献［36］研究了基于量子隐形传态的无线网络鲁棒安全通信协议，利用量子理论确保数据链路层的信息安全，并且在密钥中植入了量子的隐形传态，该算法最大的特点是减少了对基础网络设备的依赖，降低了对网络框架的调整。

1.3.2　量子理论在信息加密领域的研究

"未知量子态不可克隆""海森堡测不准原理"是量子理论中的两个基本原理，基于这两个理论建立的安全协议达到无条件的安全性，即可以在量子力学的范围内抵挡任何攻击。由于量子密钥分发协议的这一突出优点，量子密钥分发已经逐渐发展为量子信息的另一个重要分支。

为克服高斯量子在密钥分发时面临的数据协调这一缺陷，文献［37］对高斯连续变量进行了最优量化，使得 Alice 和 Bob 之间的信息取极值，显著地降低了空间复杂度，加快了数据协调的处理速度。文献［38］采用随机滑动窗口设计了一种量子密钥管理算法，该方法充分利用了量子密钥加密的安全性，注重量子密钥加密与网络传输二者之间的联系，显著地提升了量子加密技术的实用性和量子通信网络的安全性，且实现了量子密钥管理的自适应管理。面向量子密钥成对产生的应用问题，文献［39］设计了一种组密钥协商模型，该方案基于分簇结构和二进制编码生成组密钥，减少了端－端量子密钥的需求，具有很高的安全性，且保证了密钥更新的可操作性。

1.3.3　量子理论在图像处理领域的研究

量子理论的出现，为图像的处理提供了新的契机，基于量子理论的图像处理方法具有速度快、稳定性强的特点，推动着图像处理技术的进一步发展。文献［40］结合量子理论获取图像分割的最佳阈值，得到了更加稳定、清晰的图像，确保了灰度图像的分割效果。文献［41］基于量子 Logistic 混沌映射和二维离散小波变换，设计了一种融合置乱与扩散两种思路的图像处理方法，该算法加密后的图像在灰度值的分布规律上具有类随机性，进而增强了图像的安全性。为解决部分医学图像增强算法受噪声影响大或增强能力欠缺的问题，进一步增强医学图像的显示质量，文献［42］借助量子理论的信息处理观点，综合衡量图像的全局与局部特征，融合量子理论思想与数字图像处理观点，给出了一种用于图像增强的新方法。文献［43］通过在小波域构建量子衍生参数，并结合贝叶斯估计方法，设计了一种基于量子理论的小波系数自适应收缩算法，较好地平衡了去斑平滑与保持细节两个方面，提升了图像的去斑效果。

1.3.4　量子理论在优化领域的研究

文献［44］研究了一种带交叉算子的量子粒子群优化算法，该算法既可在进化过程中保证粒子群体的多样性，又能解决个别情况下算法不收敛或只能获得局部最优解的缺陷。文献［45］为解决巡航导弹由于作战区域宽广引发的路径规划效率低下的不足，设计了基于改进量子进化算法的巡航导弹航路规划方法，实现了代价更低的航路的快速、稳定搜索，该算法所规划的航路综合考虑了威胁规避、地形回避和地形跟随等三方面的内容，具有较强的使用价值。文献［46］为改善轧制规程的效率，基于量子理论以等功率裕量和轧制能耗为优化目标函数，研究了热连轧轧制规程多目标量子优化模型，该算法融合了免疫遗传算法与量子计算的优点，能够得到更优的解集，降低轧制过程的能量消耗。

1.4　量子理论在机械振动信号处理中的应用现状

尽管机械振动信号降噪技术的研究已经开展了多年，并且取得了一系列丰硕的成果，但传统降噪方法普遍在降噪也减弱了故障信号，使得有用信息丢失。针对此情况开展机械振动信号的降噪技术研究、探讨，既是理论发展的必然，也是实际应用的急迫需求。

借助量子理论描述微观世界的全新思想，Eldar[47]于 2002 年率先提出了量子信号处理（quantum signal processing，QSP）的部分理论，通过将量子理论的物理数学方法应用于信号的分析，取得了突破性的成果，引起学界的广泛关注。随后，陆续有学者将其引入机械振动信号分析。文献［48］结合轴向柱塞泵振动信号的特点，研究了一种改进的量子 BP 神经网络信号压缩方法，通过量子理论的运用，提升了传统神经网络的收敛能力，减少了数据压缩的耗时，给出了一种机械一维振动信号在线传输的新途径。由于采用遗传算法分离机械故障盲源的算法存在缺陷，文献［10］利用量子遗传算法的特有优势，研究了基于量子遗传的机械故障盲源分离方法，该方法成功解决了传统算法的早熟收敛问题，并显著地减轻了算法计算负担。文献［11］将量子理论的原理融入独立分量分析中，改进了传统的独立分量分析算法，将该量子算法应用于齿轮箱振动信号分析，相关数据分析对比证明，融入量子理论的独立分量分析能够有效凸显故障信息，提高齿轮箱状态监测的精度。针对波尔兹曼机的不足，文献［12］利用量子计算对其进行改进得出限制量子波尔兹曼机，齿轮箱故障模式判别的试验结果证明，该方法的分类精度更高，执行速度更快，有利于快速制定相应的维修策略。上述研究说明，量子理论已经吸引了振动信号领域相关研究人员的眼光，并取得了部分研究成果，但从总体上看，国内外针对振动信号的量子处理仅有极少数的文章（至本书完稿时，除作者本人发表的文献，作者在互联网上查到的文献只有上述 3 篇），基于量子理论的机械振动信号处理的相关研究才刚刚开始，存在着极其丰富的研究课题。

前文所提及的量子理论应用研究中，均用到了量子理论独特的表达方式，即将每一个状态表示成多个基本状态的叠加，从而提高了相关算法的效果。将这一思想引入机械振动信号降噪分析，则可以将一个采样点中的噪声和非噪声分开表达，以解决目前降噪算法普遍将噪声和非噪声一体化处理带来的不足，有望克服传统降噪方法在降低噪声的同时也降低有用信息的缺陷。因此，本书采用量子理论对滚动轴承振动信号开展降噪研究，探索量子理论在滚动轴承振动信号降噪中的应用方法。

第 2 章

振动信号的时域量子化

20 世纪初，爱因斯坦、普朗克等物理学家发现，在微观世界中很多神秘现象无法用经典物理的基本概念、规律和方法加以解释，这些大量存在于微观世界中的现象破坏了经典物理的基本假定。经过多年的发展，量子理论已经成为现代物理中最富有刺激性、挑战性和神秘性的领域，并和相对论一起成为现代理论的两大基石。目前，对量子理论的解释和发展，不同的学派之间仍存在激烈争论，但在取得共识的部分，因为量子理论具有惊人的准确性而被广泛应用。由于量子理论具有特殊的信息表达方式，该理论已经在物理、化学、生物、医学、计算机等学科引发了巨大的变革，量子点显示技术、量子通信、量子计算机等打破传统科学边界的前沿技术已经逐步从实验室走向市场。2016 年，我国成功发射了世界首颗量子通信卫星"墨子"号，成为科学界的标志性事件。可以预见，量子理论催生的一系列成果正在深刻地改变着这个世界，对日常生活产生巨大的影响。

近些年来，在全世界范围内学者的大力推动下，量子理论的应用研究逐渐从基础物理领域扩展到信息处理领域，并在数据优化[4,5]，快速检索[6,7]，图像处理[8,9]等传统数学和计算机领域获得崭新成就。借助量子理论描述微观世界的全新思想，Eldar[47] 率先提出了量子信号处理（quantum signal processing，QSP）的部分理论，通过将量子理论的物理数学方法应用于信号的分析，取得了突破性的成果，引起学界的广泛关注。在数字图像处理领域[8,9]，通过把图像所包含的每一个像素点单独视作不同信息的叠加，可以实现图像与量子理论中的量子比特叠加态的结合。付晓薇[49,50] 通过将图像的每一个像素点量子化，对医学图像进行祛斑，获得了更加清晰的图像；Suzhen Yuan[51] 结合量子理论建立噪声滤波器，大幅去除数字图像噪声。二者皆充分采用量子比特的叠加态，对每一个像素包含的信息进行叠加分析，降噪效果均优于传统算法。数字图像可视为二维信号。以上的研究成果表明，量子理论有望在信号降噪方面取得更多的进展。机械振动产生的时域信号只包含反映振动大小的数值，本质上是一维信号，数据内容比二维信号简单，利用量子理论分析时域信号中的噪声和故障信息，有望突破传统振动信号表达方式的局限，设计出一种适用于滚动轴承振动信号的全新表达形式，更优地表达滚动轴承的运行状态信息。

2.1　实验平台

2.1.1　信号采集系统

本节的滚动轴承故障信号来自某型装备变速箱。图 2 - 1 为某装备变速箱打开箱盖后的内部结构。

图 2 – 1   某装备变速箱分解后外观

Fig. 2 – 1   The decomposed appearance of the gearbox of some equipment

在变速箱的轴承上设置故障，轴承故障中，外圈故障最易检测，滚动体故障和内圈故障较难检测。滚动体故障设置之后，随着转动，难以保证运动的规律性，信号的周期性欠佳，难以验证相关理论。由于内圈故障的频谱特点比外圈的复杂，且与滚动体故障的频谱相似，因此本书采用滚动轴承的内圈故障开展研究。

在滚动轴承内圈加工小槽模拟轴承内圈局部损伤故障，变速箱信号采集系统如图 2 – 2 所示。光电传感器拾取主轴的旋转脉冲信号，7 个加速度传感器拾取的各振动信号经电荷放大器放大后录入数字磁带机，同时光电脉冲信号也直接记入数字磁带机。数据处理时，将数字磁带机上的实验数据采集到计算机中，然后对采集到计算机中的实验数据进行后续分析和处理。由于实验中将故障设置在中间轴上，因此，本书经过对比，2 号传感器采集的信号最能反映故障特点，因此书中只对 2 号传感器采集的振动信号进行分析。信号的采样频率 f_s 为 $f_s = 12\text{kHz}$，采样点数为 2^{13}，本书只分析时间为 $t = 0 \sim 0.6\text{s}$ 范围内的采样点。

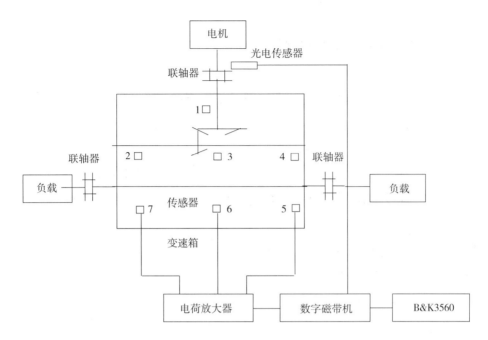

图 2 − 2　变速箱信号采集系统

Fig. 2 − 2　The signal collection system of gearbox

滚动轴承内圈故障的特征频率计算公式如下:

$$f = \frac{z}{2}f_r\left(1 + \frac{d}{D}\cos\beta\right) \qquad (2-1)$$

式中,转频 f_r 与转速 n 的关系为 $f_r = n/60$, n 表示轴承转速,单位为 r/min。d 代表轴承中滚动体的直径; D 代表轴承的节径; β 代表轴承的接触角; z 代表滚动体的个数。经过计算,内圈故障理论频率应为 156Hz。

滚动轴承在制造、安装等过程中,由于设计、操作、工艺等方面的原因,真实的轴承安装之后所得的实际尺寸往往与理论值存在差异,因此实际当中的计算故障特征频率与理论的故障特征频率存在差异。在后文的研究中可以发现,在频谱图中轴承的故障特征频率实际为 $f = 157\mathrm{Hz}$,与理论值相差了 1Hz。

2.1.2　滚动轴承内圈故障的频谱特点

变速箱是多个轴承、多个齿轮的组合体，其信号也体现这样的组合，当滚动轴承内圈发生冲击故障时，将引发幅度调制和频率调制，使得滚动轴承内圈故障频谱上往往具有以下特点：

（1）频谱上故障特征频率 f 对应的位置，相对周围频率的幅度较大。

（2）频谱上转频 f_r 对应的位置，相对周围频率的幅度较大，易于观察。

（3）频谱上故障特征频率 f 对应的位置，以故障特征频率为 f 中心，存在边带，边带与故障特征频率 f 的差值等于转频 f_r。

（4）故障信息清晰时，在频谱上可出现故障特征频率 f 的倍频、转频 f_r 的倍频。故障特征频率 f 的倍频可存在边带，边带与中心频率的差值等于转频 f_r。

以上的描述为理想情况，在实际中难以准确达到。实际中，故障特征频率 f、转频 f_r 及其倍频，中心频率与边带的差值都不会严格等于理论值，而会在理论值附近出现。

2.1.3　评价指标

为更加客观地衡量和对比不同方法的降噪效果，本书采用三个指标来量化降噪算法的降噪效果和故障信号增强效果，三个指标分别取名为降噪指标、增强指标、频率指标。其中降噪指标、增强指标为相对指标；频率指标为绝对指标。

1. 降噪指标

$$c_d = \sum_{i=1}^{N} i \times f \bigg/ \sum_{j=1}^{M} F_j \qquad (2-2)$$

式中，$\sum_{i=1}^{N} i \times f$ 表示频谱中的故障特征及其倍频的幅度之和；$\sum_{j=1}^{M} F_j$ 表示频谱中所有频率的幅度之和，本书取 $N=2$，$F_j \in (0, 1\,000]$。降噪指标 c_d 反映了故障特征频率及其倍频在 $1 \sim 1\,000\,Hz$ 频谱段中所占的能量，c_d 的值越大，则故障特征频率越容易观察，降噪方法的降噪能力越强。

2. 增强指标

$$c_e = \left(\sum_{i=1}^{N} (i \times f + (i \times f \pm f_r)) + \sum_{k=1}^{Q} k \times f_r \right) \Big/ \sum_{j=1}^{M} F_j \qquad (2-3)$$

式中，$\sum_{i=1}^{N} (i \times f + (i \times f \pm f_r)) + \sum_{k=1}^{Q} k \times f_r$ 表示频谱中故障特征频率及其倍频以及各自的边带的幅度之和；$\sum_{k=1}^{Q} k \times f_r$ 表示频谱中转频及其倍频的幅度之和，本书取 $N=2$，$Q=2$。c_e 表示内圈的几个频谱特点在频谱上的体现程度，c_e 越大，表明轴承内圈振动信号对应故障频谱的特点越明显，降噪方法的故障信号增强能力越强。

3. 频率指标

即故障特征频率 f 的幅度。在频谱中干扰频率较多的情况下，可能 c_d、c_e 的值均较小，但故障特征频率 f 仍能够清晰观察。此指标可作为前两个指标的补充。

三个指标中，以降噪指标、增强指标为主，频率指标为辅。

2.2　量子比特

量子比特（quantum bit，qbit）是量子理论体系中描述量子世界的基本单位，从本质意义上分析，它所表达的状态为一种叠加态。通常

用 $|0>$ 和 $|1>$ 表示 1 个量子比特中的 2 个量子基态，在此基础上对二者进行叠加，构成数学表达式如下[52,53]：

$$|\Psi> = a|0> + b|1> \qquad (2-4)$$

式中，基态 $|0>$ 和 $|1>$ 的系数 a 和 b 称为量子态概率幅，原始定义中为一对复数。概率幅的模平方又称为量子概率，它表示对应基态的出现概率。式（2-4）中，$|a|^2$ 表示基态 $|0>$ 的出现概率，$|b|^2$ 表示基态 $|1>$ 的出现概率。

二者的关系满足量子概率幅归一化条件：

$$|a|^2 + |b|^2 = 1 \qquad (2-5)$$

在复平面，以 $|a|^2 = 0.2$ 和 $|b|^2 = 0.8$ 为例，如图 2-3 所示。同时在外圆和内圆上任意取一个点，都可以满足归一化条件。

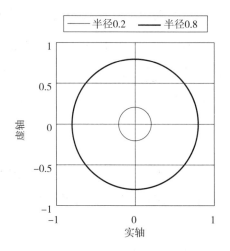

图 2-3 量子比特归一化

Fig. 2-3 Normalizing of qbit

在以下两种极端情况下，量子比特将从叠加态退化为单一态：

（1）当 $a=1$，则有 $b=0$，量子比特 $|\Psi>$ 退化为基态 $|0>$；

（2）当 $a=0$，则有 $b=1$，量子比特 $|\Psi>$ 退化为基态 $|1>$。

2.3　可行性分析

结合式（2-4）和式（2-5）可知，量子比特表示的是两个基态以不同的量子概率组合而成的各种状态，在物理层面描述的是一种不确定状态。如果指定基态 $|0>$ 表达时域振动信号的某一特定信息，指定基态 $|1>$ 表达时域振动信号的另一特定信息，将振动信号中的每一个采样点量子化，则通过研究量子概率幅 a 和 b 的组合，就能够深入分析振动信号的不同状态，进一步挖掘时域振动信号的瞬时信息。

在与一维振动信号具有紧密联系的二维图像处理领域，已有相关团队将图像中每一个像素点视作不同信息的叠加，通过引入量子理论的相关知识处理图像内容，研究出了全新的图像降噪方法，为数字图像的降噪提供了更加丰富的工具。付晓薇[49,50]将数字图像变换到小波域，将小波系数视为真实信号和噪声信号两种信息的叠加，在此基础上推导了基于量子理论的小波系数收缩方法，在医学超声图像的应用中获得了优于其他小波收缩方法的祛斑效果；Suzhen Yuan[51]同样采用量子叠加的观点，与付晓薇不同的是，Suzhen Yuan 直接在时域将采样点视为不同状态的叠加，并以此为基础，对不同的状态进行判别并采用不同的处理方式，滤除图像噪声的能力优于传统算法。以上研究皆采用量子比特的叠加态分析图像，取得了良好的图像处理效果，其基本思路如图 2-4 所示。受

图 2-4　基于量子理论的算法

Fig. 2-4　Algorithm based on quantum theory

此启发，将故障信号和噪声信号作为一维时域振动信号的两种基本状态，将振动信号量子化，则量子理论同样可以用于分析每一个采样点的信息叠加，进而为振动信号的降噪建立一种新的途径。

2.4　振动信号的时域量子化表示

前一节中已经就时域振动信号的量子化做了可行性分析，量子比特作为量子框架的组成基石，振动信号的量子化决定着量子理论能否在振动信号中应用，因此本部分将探讨时域振动信号的量子比特数学表达式。机械振动信号具备典型的非平稳、非线性特征，同时信号中包含复杂的噪声干扰，难以辨认区分振动信号的变化情况。从数理统计的规律来看，工程中信号的分布往往具有统计性，文献［54 - 58］从概率统计的角度完成了对信息的处理，受此启发本书对时域振动信号的量子化方法开展研究，将量子比特表达为物理意义和数学意义兼备的形式，实现了振动信号从时域到量子域的映射。

2.4.1　量子概率幅的参数范围

在图像处理领域，由于图像的表达方式往往为实数，在提高图像质量的过程中，量子概率幅同样可使用实数，相关研究已经证明了算法的有效性[49,50]；在实数函数优化领域，当面向对象为实数时，量子进化算法对概率幅的设置往往采用实数，相关算法[59]能够完成对实数函数的快速、准确寻优。本书采集的时域振动信号为实数格式，因此量子概率幅的设置同样采用实数，即 $a, b \in \mathbf{R}$。当 a, b 在实数范围取值，参考量子比特的基本表达式 $|\Psi> = a|0> + b|1>$ 必须满足的量子概率幅归一化条件，容易计算得出 $a, b \in [-1, 1]$。为缩短后文的讨论范围，此处

进一步缩小范围，令 a, $b \in [0, 1]$。

如果指定基态 $|0>$、$|1>$ 分别对应振动信号中的故障信号和噪声信号。考虑到采样信号实际为介于故障信号和噪声信号之间的信号，不可能存在绝对的噪声信号和绝对的故障信号，因此，仅从物理意义上看，a, b 的取值范围进一步收缩为：

$$a, b \in (0, 1) \tag{2-6}$$

仅从物理意义上看，a, b 的取值范围变化如图 2-5 所示。

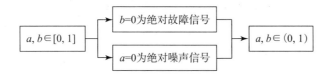

图 2-5　物理意义下的量子概率幅范围

Fig. 2-5　Range of quantum probability amplitude considering physical meaning

2.4.2　基态的振动信号意义

在机械设备运行过程中，重点需要关注两类信息，即故障信号和噪声信号。指定基态 $|0>$、基态 $|1>$ 分别表达上述两种信号，$|0>$ 表示故障信号，$|1>$ 表示噪声信号。当量子概率幅 $a = 1$ 时，根据式 $|\Psi> = a|0> + b|1>$ 可得 $b = 0$，量子比特退化为 $|\Psi> = |0>$，表示完全故障信号；当量子概率幅 $a = 0$ 时，根据式 $|\Psi> = a|0> + b|1>$ 可得 $b = 1$，量子比特退化为 $|\Psi> = |1>$，表示完全噪声信号。此处需要注意的是，由于状态监测过程中获取的采样信号实际为介于故障信号和噪声信号之间的信号，上文对 2 种基态 $|0>$、$|1>$ 的指定内容及其延伸内容的解释上，实际上是对实际情况的一种简化，这一点将在后文中作更加详尽的说明。

机械振动信号在运行的过程中，当发生故障时，将产生物理冲击，而冲击根据方向的不同将产生正向冲击和负向冲击。物理冲击反映到振动信号上，正向冲击将导致信号急剧增大，负向冲击将导致信号急剧减小。换言之，某一采样点位置，如果 $s(k)$ 绝对值较大（可能是正值，也可能是负值），那么包含故障信息的可能性就较大；如果 $s(k)$ 绝对值较小（可能是正值，也可能是负值），那么包含故障信息的可能性就较小。

因此，对振动信号进行量子化的时候，表示故障信号的基态 $|0>$ 的量子概率幅的绝对值可设置为与振动信号振动值的绝对值成正相关关系，表示噪声信号的基态 $|1>$ 的量子概率幅的绝对值可设置为与振动信号振动值的绝对值成负相关关系，即 $|a|$ 和 $|s(k)|$ 成正相关关系，$|b|$ 和 $|s(k)|$ 成负相关关系，如图 2-6 所示。在这样的情形下，当 $|s(k)|$ 越大，$|a|$ 越大，故障出现的概率就越大，噪声出现的概率就越小；当 $|s(k)|$ 越小，$|b|$ 越大，故障出现的概率就越小，噪声出现的概率就越大。

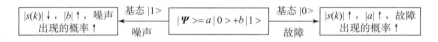

图 2-6 基态的振动信号意义

Fig. 2-6 Meaning of basis state for vibration signal

用 $s(k)(k=1, 2, \cdots, m)$ 表示传感器采集信号，由于 $s(k)$ 的取值区间往往不在 $[0,1]$ 区间，因此首先对 $s(k)(k=1, 2, \cdots, m)$ 归一化，运用归一化的值生成量子概率幅。采用式（2-7）对振动信号进行归一化：

$$z(k) = \text{abs}\left(\frac{s(k)}{\max(\text{abs}(s(k)))}\right) \in [0,1] \qquad (2-7)$$

2.4.3 线性量子比特

由于采样信号介于故障信号和噪声信号之间，时域信号不可能出现纯噪声信号和纯故障信号，因此 $a \neq 0$，$a \neq 1$，$b \neq 0$，$b \neq 1$。设定概率幅为：

$$a = \begin{cases} \sqrt{\varepsilon} & z(k) = 0 \\ \sqrt{z(k)} & 0 < z(k) < 1 \\ \sqrt{1 - \varepsilon} & z(k) = 1 \end{cases} \qquad (2-8)$$

$$b = \begin{cases} \sqrt{1 - \varepsilon} & z(k) = 0 \\ \sqrt{1 - z(k)} & 0 < z(k) < 1 \\ \sqrt{\varepsilon} & z(k) = 1 \end{cases} \qquad (2-9)$$

式中，ε 表示极小的正实数。由此可得振动信号 $s(k)$ 量子化表示：

$$|s(k)> = \begin{cases} \sqrt{\varepsilon}\,|0> + \sqrt{1 - \varepsilon}\,|1> & z(k) = 0 \\ \sqrt{z(k)}\,|0> + \sqrt{1 - z(k)}\,|1> & 0 < z(k) < 1 \\ \sqrt{1 - \varepsilon}\,|0> + \sqrt{\varepsilon}\,|1> & z(k) = 1 \end{cases}$$

$$(2-10)$$

由于

$$\lim_{\varepsilon \to 0} \sqrt{\varepsilon} = 0 \qquad (2-11)$$

$$\lim_{\varepsilon \to 0} \sqrt{1 - \varepsilon} = 1 \qquad (2-12)$$

因此，将量子比特数学表达式（2-10）进一步表达如下：

$$|z_1(k)> = \sqrt{z(k)}\,|0> + \sqrt{1 - z(k)}\,|1>,\ 0 \leqslant z(k) \leqslant 1$$

$$(2-13)$$

基态 $|0>$ 的出现概率为 $z(k)$，基态 $|1>$ 的出现概率为 $1 - z(k)$。由于基态 $|0>$ 和基态 $|1>$ 的出现概率 $z(k)$ 和 $1 - z(k)$ 都呈线性变化，因此文中称式（2-13）为时域振动信号线性量子比特。由于 $\left(\sqrt{1 - z(k)}\right)^2 + \left(\sqrt{z(k)}\right)^2 = 1$，因此概率幅 $\sqrt{1 - z(k)}$ 和 $\sqrt{z(k)}$ 满足归一化条件，符合量子比特的定义。

从式（2-13）可知，通过数学的极限思维，将式（2-6）中的范围所表达的物理意义从数学上重新进行了解释，使得 a, b 的取值范围进一步扩展为：

$$a,b \in [0,1] \tag{2-14}$$

综合数学和物理意义，a, b 的取值范围变化如图 2-7 所示。

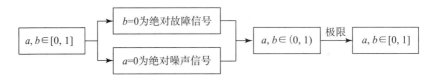

图 2-7　综合数学和物理意义下的量子概率幅范围

Fig. 2-7　Range of quantum probability amplitude considering physical and mathematical meaning

采用仿真信号线性量子比特进行分析，仿真信号采用正弦信号：

$$x = 0.5 \times \sin(100 \times \pi \times t) \tag{2-15}$$

采用仿真信号式（2-15）对采用线性量子比特的振动信号量子化进行分析，如图 2-8 所示。在图 2-8（b）中，由于 $z(k) = (\sqrt{z(k)})^2$，基态 $|0>$ 的量子概率幅二次方的曲线的和归一化曲线相等，二者重合。

由图可知，原始信号的绝对值越高，归一化值越高，表示故障信息的基态 $|0>$ 的量子概率幅对应值越大，表示噪声信息的基态 $|1>$ 的量子概率幅对应值越小。以基态 $|0>$ 的概率幅等于基态 $|1>$ 的概率幅作为观察点，随着量子概率幅的幂次提高，观察点的位置不断下沉，拉开了基态 $|0>$ 和基态 $|1>$ 的差距。同时，随着量子概率幅的幂次提高，基态 $|0>$ 量子概率幅曲线的顶部变窄，基态 $|1>$ 量子概率幅曲线的底部变宽，说明幂次越高，线性量子比特的控制能力越精细。

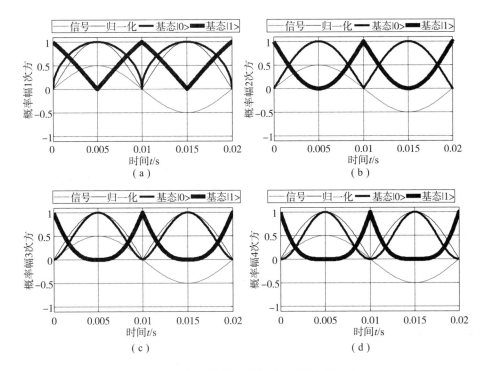

图 2 - 8　振动信号量子化（线性量子比特）

Fig. 2 - 8　Quantization of vibration signal（linear qbit）

（a）量子概率幅 1 次方；（b）量子概率幅 2 次方；

（c）量子概率幅 3 次方；（d）量子概率幅 4 次方

2.4.4　非线性量子比特

由于采样信号介于故障信号和噪声信号之间，从物理意义上理解，时域信号不可能出现完全噪声信号和完全故障信号，因此 $a \neq 0$，$a \neq 1$，$b \neq 0$，$b \neq 1$。参照线性量子比特，设定概率幅为：

$$a = \begin{cases} \sin(\varepsilon \times \pi/2) & z(k) = 0 \\ \sin(z(k) \times \pi/2) & 0 < z(k) < 1 \\ \sin((1 - \varepsilon) \times \pi/2) & z(k) = 1 \end{cases} \qquad (2 - 16)$$

$$b = \begin{cases} \cos(\varepsilon \times \pi/2) & z(k) = 0 \\ \cos(z(k) \times \pi/2) & 0 < z(k) < 1 \\ \cos((1 - \varepsilon) \times \pi/2) & z(k) = 1 \end{cases} \quad (2-17)$$

式中，ε 表示极小的正实数。由此可得振动信号 $s(n)$ 量子化表示：

$|s(k)> =$

$$\begin{cases} \sin(\varepsilon \times \pi/2)|0> + \cos(\varepsilon \times \pi/2)|0> & z(k) = 0 \\ \sin(z(k) \times \pi/2)|0> + \cos(z(k) \times \pi/2)|0> & 0 < z(k) < 1 \\ \sin((1 - \varepsilon) \times \pi/2)|0> + \cos((1 - \varepsilon) \times \pi/2)|0> & z(k) = 1 \end{cases}$$

$$(2-18)$$

由于

$$\lim_{\varepsilon \to 0} \sqrt{\varepsilon} = 0 \quad (2-19)$$

$$\lim_{\varepsilon \to 0} \sqrt{1 - \varepsilon} = 1 \quad (2-20)$$

因此，将量子比特式（2-18）进一步表达如下：

$$|z_2(k)> = \sin(z(k) \times \pi/2)|0> + \cos(z(k) \times \pi/2)|1>,$$

$$0 \leqslant z(k) \leqslant 1 \quad (2-21)$$

基态 $|0>$ 的出现概率为 $\sin^2(z(k) \times \pi/2)$，基态 $|1>$ 的出现概率为 $\cos^2(z(k) \times \pi/2)$。由于基态 $|0>$ 和基态 $|1>$ 的出现概率呈非线性，因此文中称式（2-21）为时域振动信号非线性量子比特。

从式（2-21）可知，通过数学的极限思维，将式（2-6）中的范围所表达的物理意义从数学上重新进行了解释，使得 a，b 的取值范围进一步扩展为 a，$b \in [0, 1]$。

由于 $\cos^2(z(k) \times \pi/2) + \sin^2(z(k) \times \pi/2) = 1$，因此概率幅 $\cos(z(k) \times \pi/2)$ 和 $\sin(z(k) \times \pi/2)$ 满足归一化条件，符合量子比特的定义。

采用仿真信式（2-15）对采用非线性量子比特的振动信号量子化进行分析，如图2-9所示。可知，与线性量子比特变化规律相似，原始信号的绝对值越大，归一化值越大，表示故障信息的基态 $|0>$ 的量子概率幅对应值越大，表示噪声信息的基态 $|1>$ 的量子概率幅对应值越

小。以基态│0＞的概率幅等于基态│1＞的概率幅作为观察点，随着量子概率幅的幂次提高，观察点的位置不断下沉，拉开了基态│0＞和基态│1＞的差距。另外，随着量子概率幅的幂次提高，基态│0＞量子概率幅曲线的顶部变窄，基态│1＞量子概率幅曲线的底部变宽，说明幂次越高，非线性量子比特的控制能力越精细。

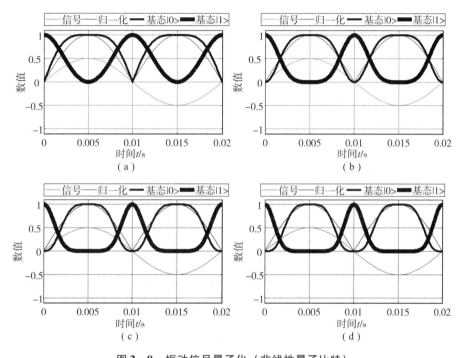

图 2－9　振动信号量子化（非线性量子比特）

Fig. 2－9　Quantization of vibration signal（nonlinear qbit）

（a）量子概率幅 1 次方；（b）量子概率幅 2 次方；（c）量子概率幅 3 次方；（d）量子概率幅 4 次方

2.4.5　二者联系

结合│0＞表示故障信息，│1＞表示噪声信息，可知：

（1）从数学意义上讲，$|s(k)|$ 越大，则 $z(k)$ 越大；$|s(k)|$ 越小，则 $z(k)$ 越小。

（2）从物理意义上讲，基态│0＞的量子概率幅为 $\sqrt{z(k)}$ 或者

$\sin(z(k) \times \pi/2)$，基态 $|0>$ 的出现概率为 $z(k)$ 或者 $\sin^2(z(k) \times \pi/2)$；基态 $|1>$ 的量子概率幅为 $\sqrt{1-z(k)}$ 或 $\cos(z(k) \times \pi/2)$，基态 $|1>$ 的出现概率为 $1-z(k)$ 或者 $\cos^2(z(k) \times \pi/2)$。$|s(k)|$ 越大，故障出现的概率就越大，噪声出现的概率就越小；$|s(k)|$ 越小，故障出现的概率就越小，噪声出现的概率就越大。

2.4.6　二者区别

首先，结合归一化式（2－17）来对线性量子比特和非线性量子比特进行分析。归一化后 $z(k) \in [0, 1]$，绘制二者的量子概率幅曲线，如图 2－10 所示。可以看到当 $z(k)=0$、$z(k)=0.5$、$z(k)=1$ 时，线性量

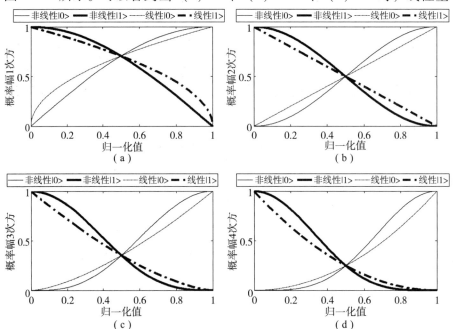

图 2－10　线性量子比特和非线性量子比特的概率幅曲线

Fig. 2－10　Curve of quantum probability amplitude

between linear qbit and nonlinear qbit

（a）量子概率幅 1 次方；（b）量子概率幅 2 次方；（c）量子概率幅 3 次方；（d）量子概率幅 4 次方

子比特的量子概率幅的 1~4 次方和非线性量子比特的量子概率幅的 1~4 次方相等；在 $z(k) \in (0, 0.5)$ 的范围内，非线性量子比特的基态 $|0>$ 对应的上升曲线数值都比线性量子比特的小，非线性量子比特的基态 $|1>$ 对应的下降曲线数值都比线性量子比特的大；而在 $z(k) \in (0.5, 1)$ 的范围内，非线性量子比特的基态 $|0>$ 对应的上升曲线数值都比线性量子比特的大，非线性量子比特的基态 $|1>$ 对应的下降曲线数值都比线性量子比特的小。

图 2-11 展示了线性量子比特和非线性量子比特的概率幅差值，为非线性量子比特的某一基态的概率幅（或者 2 次方、3 次方、4 次方）减去线性量子比特的该基态的概率幅（或者 2 次方、3 次方、4 次方），可以看出，随着幂次的提高，非线性量子比特与线性量子比特的差异在扩大。

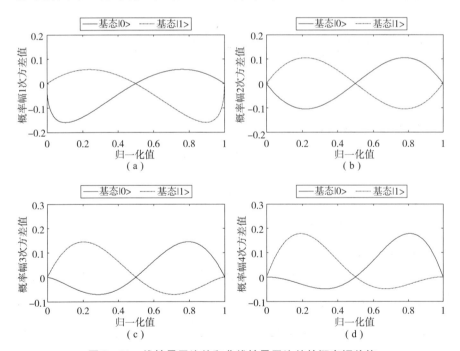

图 2-11 线性量子比特和非线性量子比特的概率幅差值

Fig. 2-11 Difference value of quantum probability amplitude

between linear and nonlinear qbit

（a）量子概率幅 1 次方差值；（b）量子概率幅 2 次方差值；

（c）量子概率幅 3 次方差值；（d）量子概率幅 4 次方差值

2.5　凸显单向脉冲的时域振动信号量子化

在上一节中，对滚动轴承振动信号的量子化过程进行了研究，从量子化的计算过程可以看出，正向脉冲和负向脉冲位置概率幅往往偏大，当故障出现时，量子概率大的位置往往对应着正向脉冲或者负向脉冲的位置。然而，在实际的应用中，我们不仅需要知道脉冲的位置，还想知道是正向脉冲还是负向脉冲。因此，下面专门对时域正向脉冲和时域负向脉冲进行量子化。

2.5.1　凸显正向脉冲的时域振动信号量子化

为凸显正向脉冲的信息，时域振动信号 $s(k)(k=1, 2, \cdots, m)$ 的归一化公式采用式（2-22）：

$$z(k) = \frac{s(k) - \min(s(k))}{\max(s(k)) - \min(s(k))} \in [0,1] \qquad (2-22)$$

观察上式可知，$z(k)$ 为 $s(k)$ 的单调递增函数，即 $s(k)$ 的值越小，$z(k)$ 的值越小；$s(k)$ 的值越大，$z(k)$ 的值越大。可以看出，正向脉冲位置的 $s(k)$ 值偏大，$z(k)$ 的值偏大；非正向脉冲位置的 $s(k)$ 值偏小，$z(k)$ 的值偏小。如果采用 $z(k)$ 直接生成量子概率幅，那么 $s(k)$ 值越大的地方，出现正向脉冲的概率就越大，而 $s(k)$ 值越小的地方，出现非正向脉冲信息的概率就越大。因此可用基态 $|0>$ 表示故障状态中正向脉冲信息，用基态 $|1>$ 表示非正向脉冲信息。参考 2.4 节的量子化过程，对振动信号进行量子化，同样量子化呈线性和非线性两种类型。

（1）凸显正向脉冲的线性量子比特数学表达如下：

$$|z_1(k)> = \sqrt{z(k)}|0> + \sqrt{1 - z(k)}|1> \qquad (2-23)$$

（2）凸显正向脉冲的非线性量子比特数学表达如下：

$$|z_2(k)> = \sin(z(k) \times \pi/2)|0> + \cos(z(k) \times \pi/2)|1> \quad (2-24)$$

分析式（2-23）和式（2-24）可知，振动值越大的位置，就是量子概率幅越大的位置，表示故障状态中正向脉冲的基态 $|0>$ 出现的概率就越大；振动值越小的位置，就是量子概率幅越小的位置，表示非正向脉冲的基态 $|1>$ 出现的概率就越大。通过上述两个量子比特，成功在量子化振动信号的过程中凸显了正向脉冲信息。

结合归一化式（2-22），采用仿真信号式（2-15）对采用两种量子比特的振动信号量子化进行分析，如图2-12和图2-13所示。图2-12（b）中，由于 $z(k) = (\sqrt{z(k)})^2$，基态 $|0>$ 的量子概率幅二次方的曲线和归一化曲线相等，二者重合。

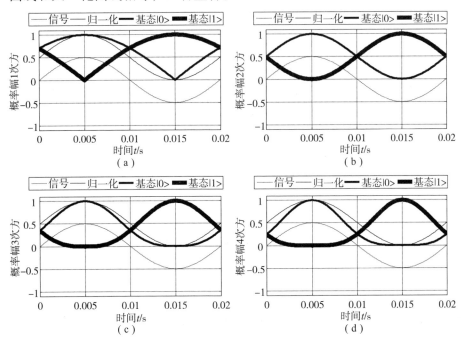

图 2-12　凸显正向脉冲的振动信号量子化（线性量子比特）

Fig. 2-12　Quantization of vibration signal for highlighting positive pulse（linear qbit）

（a）量子概率幅1次方；（b）量子概率幅2次方；（c）量子概率幅3次方；（d）量子概率幅4次方

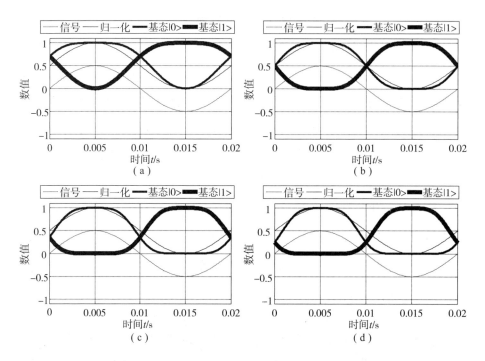

图 2 – 13 凸显正向脉冲的振动信号量子化（非线性量子比特）

Fig. 2 – 13 Quantization of vibration signal for highlighting positive pulse （nonlinear qbit）

（a）量子概率幅 1 次方；（b）量子概率幅 2 次方；

（c）量子概率幅 3 次方；（d）量子概率幅 4 次方

可知，原始信号的值越高，式（2 – 22）的归一化值越高，表示正向故障信息的基态 $|0\rangle$ 的量子概率幅对应值越大，表示非正向故障信息的基态 $|1\rangle$ 的量子概率幅对应值越小。以基态 $|0\rangle$ 的概率幅等于基态 $|1\rangle$ 的概率幅作为观察点，随着量子概率幅的幂次提高，观察点的位置不断下沉，拉开了基态 $|0\rangle$ 和基态 $|1\rangle$ 的差距。同时，随着量子概率幅的幂次提高，基态 $|0\rangle$ 量子概率幅曲线的顶部变窄，基态 $|1\rangle$ 量子概率幅曲线的底部变宽，说明幂次越高，量子比特的控制能力越精细。

2.5.2　凸显负向脉冲的时域振动信号量子化

为凸显负向脉冲的信息，时域振动信号 $s(k)(k=1, 2, \cdots, m)$ 的归一化公式采用式（2-25）：

$$z(k) = \frac{-s(k) - \min(-s(k))}{\max(-s(k)) - \min(-s(k))} \in [0,1] \qquad (2-25)$$

观察上式可知，$z(k)$ 为 $-s(k)$ 的单调递增函数，即 $s(k)$ 的值越小，$z(k)$ 的值越大；$s(k)$ 的值越大，$z(k)$ 的值越小。可以看出，负向脉冲位置的 $-s(k)$ 值偏大，$z(k)$ 的值偏大；非负向脉冲位置的 $-s(k)$ 值偏小，$z(k)$ 的值偏小。如果采用 $z(k)$ 直接生成量子概率幅，那么 $-s(k)$ 值越大的地方，出现负向脉冲的概率就越大，而 $-s(k)$ 值越小的地方，出现非负向脉冲信息的概率就越大。因此可用基态 $|0>$ 表示故障状态中负向脉冲信息，用基态 $|1>$ 表示非负向脉冲信息。

参考 2.4 节的量子化过程，对振动信号进行量子化，同样量子化呈线性和非线性两种类型（需要注意，因为负向脉冲在应用中预处理已经进行过一次反相，故式 2-26、式 2-27 与式 2-23、式 2-24 不同）。

（1）凸显负向脉冲的线性量子比特数学表达如下：

$$|z_1(k)> = \sqrt{z(k)}\,|0> + \sqrt{1-z(k)}\,|1> \qquad (2-26)$$

（2）凸显负向脉冲的非线性量子比特数学表达如下：

$$|z_2(k)> = \sin(z(k) \times \pi/2)\,|0> + \cos(z(k) \times \pi/2)\,|1> \qquad (2-27)$$

分析式（2-26）和式（2-27）可知，振动值越小的位置，就是量子概率幅越大的位置，表示故障状态中负向脉冲的基态 $|0>$ 出现的概率就越大；振动值越大的位置，就是量子概率幅越小的位置，表示非负向脉冲的基态 $|1>$ 出现的概率就越大。通过上述两个量子比特，成功在量子化振动信号的过程中凸显了负向脉冲信息。

结合归一化式（2-25），采用仿真信号式（2-15）对采用两种量

子比特的振动信号量子化进行分析，如图 2 – 14 和图 2 – 15 所示。图 2 – 14（b）中，由于 $z(k) = (\sqrt{z(k)})^2$，基态 $|0>$ 的量子概率幅二次方的曲线和归一化曲线相等，二者重合。

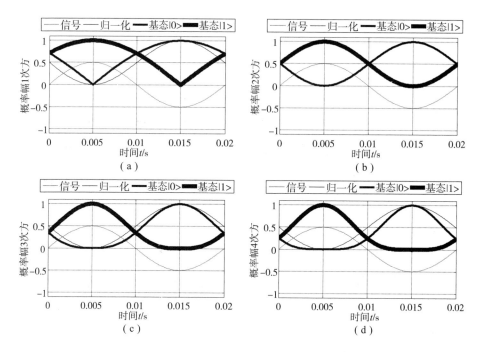

图 2 – 14　凸显正向脉冲的振动信号量子化（线性量子比特）

Fig. 2 – 14　Quantization of vibration signal for highlighting

positive pulse（linear qbit）

（a）量子概率幅 1 次方；（b）量子概率幅 2 次方；

（c）量子概率幅 3 次方；（d）量子概率幅 4 次方

可知，原始信号的值越低，式（2 – 25）的归一化值越高，表示负向故障信息的基态 $|0>$ 的量子概率幅对应值越大，表示非负向故障信息的基态 $|1>$ 的量子概率幅对应值越小。以基态 $|0>$ 的概率幅等于基态 $|1>$ 的概率幅作为观察点，随着量子概率幅的幂次提高，观察点的位置不断下沉，拉开了基态 $|0>$ 和基态 $|1>$ 的差距。同时，随着量子概率幅

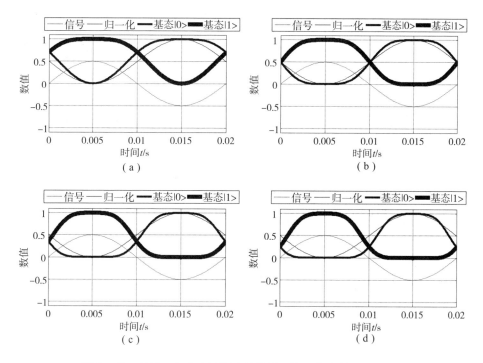

图 2 – 15　凸显正向脉冲的振动信号量子化（非线性量子比特）

Fig. 2 – 15　Quantization of vibration signal for highlighting

positive pulse（nonlinear qbit）

（a）量子概率幅 1 次方；（b）量子概率幅 2 次方；

（c）量子概率幅 3 次方；（d）量子概率幅 4 次方

的幂次提高，基态 $|0>$ 量子概率幅曲线的顶部变窄，基态 $|1>$ 量子概率幅曲线的底部变宽，说明幂次越高，量子比特的控制能力越精细。

2.6　两类时域量子化方法的区别和应用范围

至此，本章提出了两类时域量子化方法，即振动信号的时域量子化和凸显单向脉冲的时域振动信号量子化，前者采用绝对值完成量子化。以采样点振动信号 $s(k)$ 为例，假设 $s(k)$ 的最大值为 2，最小值

为 -1.8，其中某一点 $s(m) = 0.01$。

1. 振动信号的时域量子化

采用式（2-7）进行归一化：

$$z(m) = \text{abs}\left(\frac{s(m)}{\max(\text{abs}(s(k)))}\right) = \frac{0.01}{2} = 0.005 \quad (2-28)$$

此时，$s(m)$ 的噪声将以较大的概率出现，如果采用线性量子比特，噪声出现概率为 0.995；如果采用非线性量子比特，噪声出现概率为 0.999，基本可以将采样点 $s(m)$ 视为噪声。

2. 凸显单向脉冲的时域振动信号量子化

当采用凸显正向脉冲的时域振动信号式进行归一化：

$$z(k) = \frac{s(k) - \min(s(k))}{\max(s(k)) - \min(s(k))} = \frac{0.01 - (-1.8)}{2 - (-1.8)} = 0.476$$

$$(2-29)$$

此时，$s(m)$ 的噪声将以一般的概率出现，如果采用线性量子比特，噪声出现概率为 0.524；如果采用非线性量子比特，噪声出现概率为 0.538，无法将采样点 $s(m)$ 视为噪声。

当采用凸显负向脉冲的时域振动信号式进行归一化：

$$z(k) = \frac{-0.01 - (-2)}{1.8 - (-2)} = \frac{2.01}{3.8} = 0.529 \quad (2-30)$$

此时，$s(m)$ 的噪声将以一般的概率出现，如果采用线性量子比特，噪声出现概率为 0.471；如果采用非线性量子比特，噪声出现概率为 0.455，无法将采样点 $s(m)$ 视为噪声。

可以发现，若采用振动信号的时域量子化，采样点 $s(m)$ 几乎完全被当做噪声，而采用凸显单向脉冲的时域振动信号量子化，不论是凸显正向脉冲和负向脉冲，噪声出现概率均在 50% 左右，二者量子化的结果存在较大的差异，如何对二者进行选择，将影响算法的效果。

在此，以本书以后文中用到的数学形态学和双树复小波为例，对量子化方法的选择进行分析。

1. 数学形态学

数学形态学的滤波器较多，不同的滤波器有不同的功能，对量子化的方式可以根据实际的需求采用不同的方法。相关内容的详细讨论见第3章。

2. 双树复小波

双树复小波的降噪方法主要是通过对系数进行处理，目前主流的系数处理方法往往通过阈值对小波系数进行收缩，而这一方法的重要手段是将小于阈值的小波系数置零，实际上已经将距离0值较近的小波系数视作噪声系数，因此可以采用振动信号的时域量子化。但是小波系数在小波域，直接采用振动信号的时域量子化不现实，因此需要在小波域进一步改进。相关内容的详细讨论见第4章。

2.7　本章小结

当滚动轴承运行发生异常时，采集到的振动信号为各个振动源的激励叠加，本质上即反映故障信息的故障信号和噪声信号的叠加，且每个采样点故障信号和噪声信号出现的概率会随着振动的变化而变化，这一物理特点与量子比特的叠加特性相似。本章针对滚动轴承振动信号的时域量子化，研究了以下内容：

（1）介绍了本书所用的实验平台和轴承内圈故障的频谱特点，在此基础上确定采用降噪指标、增强指标、频率指标作为全书降噪算法的降噪效果和故障信号增强效果的评价指标。

（2）在量子力学的理论框架内，利用量子比特的叠加态基本原理，在满足量子比特的数学条件的基础上，将量子叠加态与时域振动信息表达有机结合，提出 2 种时域振动信号量子比特表达式：线性量子比特和非线性量子比特，用于描述时域振动信号的噪声和故障信息。

（3）对振动信号的时域量子化的线性和非线性量子比特的联系和区别进行了数学分析，为后文的理论研究和实际应用提供了基本的数学对比依据。振动信号的 2 种量子比特表达式充分兼顾了时域振动信号中的故障信息和噪声信息，自适应性强，且易于实现，为机械振动信号的信息表达提供了一种全新的数学形式。

（4）在振动信号时域量子化的线性量子比特和非线性量子比特的基础上，进一步提出了凸显正向脉冲和负向脉冲的时域振动信号量子化方法，提供了量子域的正负脉冲独立表达方法。

（5）对比了两类时域量子化方法的区别和应用范围，为下文的量子化方式选择提供了依据。

本章完成了时域振动信号的量子化，下一步借助本章知识，融合时域非线性处理方法，完成振动信号在时域的降噪。

本章所提的振动信号时域量子化方法已经在 2 篇国外 SCI 期刊和 7 篇国内 EI 期刊上发表并检索，并应用于 2 个国家自然科学基金（51205405，51305454）结题。

第3章

结合量子理论和数学形态学的降噪方法研究

数学形态学（mathematical morphology，MM）是一种理论成熟的非线性处理方法，早期主要应用于数字图像处理。近年来，国内外学者对数学形态学在机械振动信号中的应用进行了深入研究，构建了数学形态学在机械设备故障信号时域分析上的系统方法，为振动信号的时域分析提供了一种极其有力的数学工具，拓展了数学形态学的应用范围。相关研究已经表明，数学形态学作为一种极具潜力的非线性滤波技术，已经逐渐发展为非线性信号处理领域中极其具有代表性和研究前景的一种滤波器。

数学形态学基于信号的几何结构特性对信号加以处理，通过预先设置的结构元素（类似于数字信号处理中的滤波窗口）对窗口内的信号时域波形进行局部修正或形状匹配，进而有效提取信号的关键信息。与其他用于数字信号分析的滤波器相比，数学形态学具有幂等性、单调性、

线性平移不变性等特性，且具有算法原理简单、物理含义清晰、工程应用效果好等优点。[60,61]

应用数学形态学对振动信号进行分析时，滤波器的结构是可选的，一旦选定形态滤波器的滤波方式，该理论就利用结构元素（structuring element，SE）对信号的几何特征进行度量或修正，以达到提取有用信息的目的，因此结构元素是影响形态学处理效果的关键因素。结构元素包含两个关键参数：长度和高度，其中长度决定了结构元素的处理范围，高度决定了结构元素的信息匹配。

当滚动轴承出现故障时，采集的振动信号不仅包含故障信息，同样包含机械设备其他零部件的振动信息和电子采集设备的信息，这部分信息将成为噪声，使得滚动轴承振动信号整体上显现一定程度的随机性，导致振动信号的振动数值剧烈波动。实际应用中往往根据经验选择 SE 的长度，相关研究表明[62-64]，不同情形下，结构元素选择不同的长度将明显影响信号的分析结果。在图像处理领域，文献［65］针对不同木质的识别，对圆形结构元素的长度进行了自适应调整；文献［66］结合形态学差值算子和功率谱熵理论的优势，对比特征的能量比计算结构元素长度，保留了更多的液压泵故障信息；文献［67］针对图像的边缘连接，对椭圆形结构元素的长度采用动态变化；文献［68］通过改变结构元素的尺度，借助多尺度形态学工具，获得了良好的图像处理结果。在振动信号处理领域，文献［69］提出结构元素可变的自适应多尺度形态滤波器，提高了形态分析的效果，但该方法本质上是固定长度的结构元素运算结果的叠加。为进一步提升数学形态学应用于一维机械信号降噪的能力，需要结合时域机械振动信号的随机性，动态调整结构元素的长度。

机械设备在启动状态下，一旦发生滚动轴承故障，机械结构将承受冲击力，结合振动的传递原理可知，采集的滚动轴承振动信号中将出现冲击响应，此类信号在波形的变化上呈现显著的局部特征。然而，现场采集的故障信号往往是瞬发的，实际当中难以预见，因此缺乏脉冲信息的先验知识，难以确定 SE 的最佳高度。目前，对结构元素高度调节的研究成果较少，在一定程度上限制了结构元素的使用效果。文献［70 – 72］采用数学形态学分析了机械设备的故障信息，由于在形态滤波的过程中采用了传统结构元素（conventional structuring element，CSE），结构元素的高度为一个恒定数值，不会根据处理对象的变化而进行调节，忽视了信号的局部特征，直接用于降噪难以发挥效果。

综上，滚动轴承的振动信号在不同的时刻，一方面信号存在一定的随机性，另一方面局部特征存在显著差异，这一现状引起固定结构的 SE 缺乏更加精细的细节处理能力，难以在复杂工况下发挥对非线性、非稳态信号的降噪效果。基于上述讨论，为提升 MM 对滚动轴承故障振动信号的降噪效果，应当在 SE 中补充振动信号的局部特征信息和随机性信息，以实现 SE 高度和长度的动态调整。

由于 MM 在时域进行信号处理，因此本章结合第 2 章振动信号时域量子化的相关知识开展研究。充分考虑信号的随机性和局部特征，用于指导结构元素的长度和高度的选择，最终实现 SE 长度和高度的自适应调整，并利用具有自适应长度的结构元素（adaptive length structuring element，ALSE）和具有自适应高度的结构元素（adaptive height structuring element，AHSE）完成对故障信号的降噪。

3.1　数学形态学

不同于常见的数值建模及分析的思路，数学形态学通过形态对信息进行分析，得以从几何的角度来刻画和分析信号，经过四十余年的发展，已经建立起一套完整的数学理论和计算方法。由于它与数学中的积分几何具有紧密联系，使得采用该理论的人员可以借助几何的语言去表述和分析不同的形状，这是数学形态学一个十分突出的优点。

目前，数学形态学理论研究和实际应用已经广泛延伸到数字图像处理、地震信号监测、电力信号分析、语音信号分析、医学信号分析等领域[73-92]，近年来，数学形态学在机械振动信号的处理方面也取得重大突破。

3.1.1　数学形态学基本滤波器

执行数学形态学的运算法则，需要借助形态滤波器（mathematical morphological filter，MMF），下面对本章用到的 2 个基本滤波器和 1 个组合滤波器进行基本介绍。

1. 基本滤波器

MM 中有 2 个基本滤波器：膨胀滤波器和腐蚀滤波器，二者是构成其他功能各异的 MMF 的基础[93]，在 MM 中的所有 MMF 都是以二者为起点建立的。为拓宽研究的 SE 长度和高度调节方法的应用范围，本章的研究首先结合 2 个基本滤波器进行分析，再应用于组合滤波器进行具体的应用。

（1）膨胀滤波器。

假设输入信号为 $s(k)(k=1, 2, \cdots, m)$，结构元素为 $g(j)(j=1, 2, \cdots, n)$，通常 $m \gg n$。

采用 $g(j)$ 对 $s(k)$ 进行膨胀滤波的计算如下：

$$(s \oplus g)(k) = \max\{s(k-j+1) + g(j) \mid j = 1,2,\cdots,n\} \quad (3-1)$$

膨胀滤波器的计算方式，本质上是取最大值的运算，最大值运算的窗口长度为 n。因此，膨胀滤波器可用于凸显局部最大值，事实上膨胀滤波器对正向冲击信号具有良好的降噪能力。这一点的处理原理，与第 2 章量子理论的可行性分析具有一致性，间接说明了第 2 章振动信号量子化方法的可行性。膨胀滤波器的计算方式如图 3 - 1 所示。

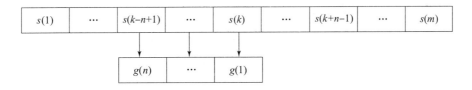

图 3 - 1　膨胀滤波器

Fig. 3 - 1　Dilation filter

以仿真信号为例进行分析：

$$x = \sin(4\pi t) \tag{3 - 2}$$

取一个周期进行研究，在仿真信号中添加正向脉冲和负向脉冲，在信号 $x \geq 0$ 时（$t \in [0, 0.25]$）的单调上升区间（$t \in [0, 0.125]$）各添加一个正负脉冲，在 $x \geq 0$ 时（$t \in [0, 0.25]$）的单调下降区间（$t \in [0.125, 0.25]$）各添加一个正负脉冲；在信号 $x \leq 0$ 时（$t \in [0.25, 0.5]$）的单调下降区间（$t \in [0.25, 0.375]$）各添加一个正负脉冲，在 $x \leq 0$ 时（$t \in [0.25, 0.5]$）的单调上升区间（$t \in [0.375, 0.5]$）各添加一个正负脉冲，结果如图 3 - 2 所示。

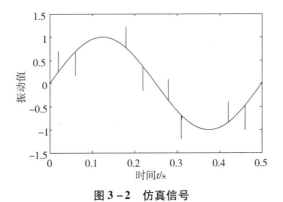

图 3 - 2　仿真信号

Fig. 3 - 2　Simulinked signal

采用膨胀滤波器对仿真信号进行膨胀处理，采用扁平结构元素，长度为 50，结果如图 3 - 3 所示。可以看出，经膨胀处理之后，正向脉冲出现的位置，仍然为峰值，但负向脉冲出现的位置已经被平滑，从波形基本观察不出负向脉冲。

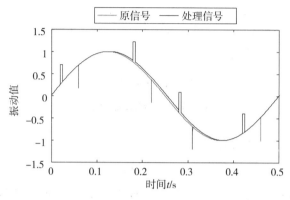

图 3 - 3　膨胀处理结果

Fig. 3 - 3　Processing result of dilation

（2）腐蚀滤波器。

假设输入信号为 $s(k)(k=1, 2, \cdots, m)$，结构元素为 $g(j)(j=1, 2, \cdots, n)$，通常 $m \gg n$。

采用 $g(j)$ 对 $s(k)$ 进行腐蚀滤波的计算如下：

$$(s \Theta g)(k) = \min\{s(k+j-1) - g(j) \mid j=1,2,\cdots,n\} \quad (3-3)$$

腐蚀滤波器的计算方式，本质上是取最小值的运算，最小值运算的窗口长度为 n。因此，腐蚀滤波器可用于凸显局部最小值，事实上腐蚀滤波器对负向冲击信号具有良好的降噪能力。这一点的处理原理，与第 2 章振动信号的时域量子化方法具有一致性，间接说明了第 2 章振动信号量子化方法的可行性。腐蚀滤波器的计算方式如图 3 - 4 所示。

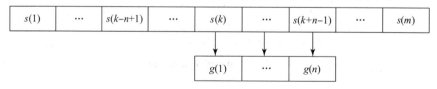

图 3 - 4　腐蚀滤波器

Fig. 3 - 4　Erosion filter

采用腐蚀滤波器对仿真信号进行腐蚀处理，采用扁平结构元素，长度为 50，结果如图 3 – 5 所示。可以看出，经腐蚀处理之后，负向脉冲出现的位置，仍然为极值，但正向脉冲出现的位置已经被平滑，从波形基本观察不出正向脉冲。

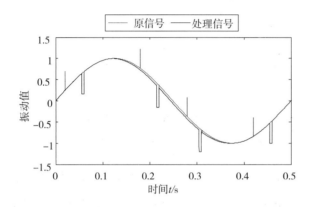

图 3 – 5　腐蚀处理结果

Fig. 3 – 5　Processing result of erosion

2. 形态梯度滤波器

形态梯度滤波器的计算方式如下[94]：

$$\mathrm{GRAD}(s(k)) = (s \oplus g)(k) - (s \Theta g)(k) \qquad (3 - 4)$$

式中 $(s \oplus g)(k)$ 表示膨胀运算，$(s \Theta g)(k)$ 表示腐蚀运算。在机械振动信号处理过程中，形态梯度滤波器能够快速定位机械设备的暂态信息，具有较好的脉冲形状细节保持能力，是一种有效的脉冲信息分析工具。研究表明，形态梯度滤波器由于采用了减法，不仅可以在降噪后保留对应时间点上的脉冲的信息，在一定程度上还增强了脉冲的信息。

采用形态梯度滤波器对仿真信号进行处理，采用扁平结构元素，长度为 50，结果如图 3 – 6 所示。可以看出，经形态梯度滤波器处理之后，正向、负向脉冲出现的位置，仍然为峰值，采用形态梯度滤波器可一次获取正负脉冲。

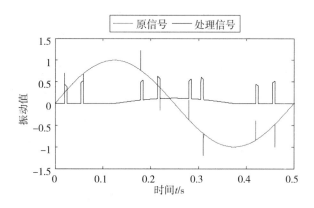

图 3 - 6　形态梯度处理结果

Fig. 3 - 6　Processing result of gradient filter

2 个基本滤波器分别针对正向脉冲和负向脉冲信号处理，机械振动信号中同时包含正负向脉冲两种故障信息。因此本章采用腐蚀和膨胀组合而成的形态梯度滤波器，用于对正负向脉冲进行连贯分析。

3.1.2　结构元素的参数问题

数学形态学中，一旦确定形态滤波器的具体形式，结构元素（structuring element，SE）将成为影响 MMF 分析结果的主要因素。结构元素主要包含长度和高度 2 个参数。传统结构元素（conventional structuring element，CSE）的长度和高度固定不变，影响了 MMF 的滤波效果。

1. 长度问题

由于滚动轴承振动信号中包含较多的振动源，导致信号具有一定的随机性，采用传统结构元素分析波形时，由于 CSE 的长度为固定值，相当于对不同的随机信息采用了一致的窗口长度，不利于运行状态的监测。相关研究表明[63,66,69,95]，结构元素的长度对振动信号的滤波分析结果具有显著影响，不同的信号具有不同的最优长度。文献 [95] 以提取最多冲击次数为目标研究了故障振动信号的最佳结构元素长度，得出最优范围为 $0.6d \sim 0.7d$（其中 d 表示一个脉冲周期内振动信号的采样次数），为 SE 的长度选择提供了依据。当设备的振动变化较快时，采样频率通常较大，此时该方法选取的 SE 长度会在一个较大的区间变动，此时 SE 的最优长度往往依据实验效果人为确定，限制了该方法在振动信号中的运用。上述文献中的结构元素尽管可以选取出一个优化的长度，但优化长度一旦确定，SE 的长度就不再变化，从本质上讲，采用的仍然是 CSE。

　　如图 3 - 7 所示，可以看出，第 $0 \sim 100$ 个采样点和第 $100 \sim 200$ 个采样点的波形的差异非常明显，如果 SE 采用固定长度的 CSE，信号中包含的随机信息无法反映，将影响 MMF 的降噪能力。因此，为达到更好的形态滤波效果，需要联系振动信号的随机信息，使得 SE 的长度跟踪信号的变化而相应作出调整，即有必要采用自适应长度的结构元素（adaptive length structuring element，ALSE）。

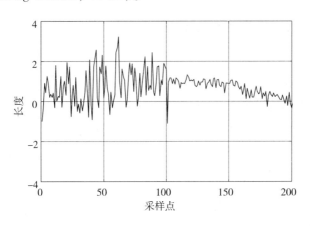

图 3 - 7　SE 的长度问题

Fig. 3 - 7　The problem of SE's length

2. 高度问题

文献 [69] 采用多尺度形态滤波器，提取铁路轮轨故障信息；文献［73］运用 MMF 的滤波性能，对机械的故障信息进行了识别；文献［96］利用梯度滤波器，借助数学形态学获取了轴承的故障信息；文献［97］借助 MMF 的优良特性，更好地区分了机械设备的不同故障；文献［98］对 MMF 进行了改进，更加准确地获得了滚动轴承的状态信息。MM 理论中，MMF 能够分析对象的几何变化特点，采用结构元素对振动信号进行度量、匹配和修正，进而提取出有用的信息，但在上述文献中一致采用传统结构元素执行形态滤波。CSE 的高度不跟随信号振动值调整，没有充分考虑信号的局部特征，限制了 MMF 的滤波效果。

如图 3－8 所示，可以看出，第 0～50 个采样点和第 50～100 个采样点的波形的高度差异是非常明显的，如果 SE 采用固定高度的 CSE，则无法反映振动信号的高度变化，势必影响降噪效果。为增强数学形态滤波器对滚动轴承时域振动信号的降噪效果，有必要在结构元素中联系滚动轴承振动信号的局部特征，使 SE 的高度变化更加贴合信号的变化，即有必要采用自适应高度的结构元素（adaptive height structuring element，AHSE）。

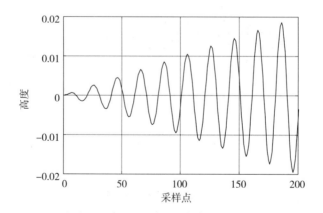

图 3－8　SE 的高度问题

Fig. 3－8　The problem of SE's height

3.1.3　实测信号分析

CSE 的高度和长度不随着处理信号的变化而变化，CSE 具有扁平形、三角形、椭圆形等形状，扁平形结构元素（SE 中每一个位置的高度为 0）具有运算速度快、不改变振动数值变化范围的优点，在机械振动信号分析中得到了广泛应用。

采用扁平形结构元素利用梯度滤波器对采集的轴承振动信号进行滤波分析，根据文献［95］确定的范围，本书通过对比，选择滤波效果最佳的结构元素长度 46，梯度滤波的结果如图 3－9 所示。

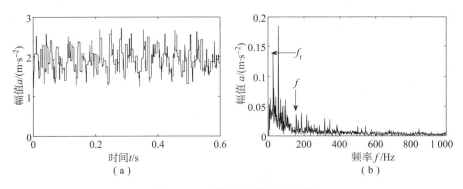

图 3－9　采用 CSE 的梯度结果

Fig. 3－9　Result of gradient filter using CSE

（a）波形；（b）频谱

图 3－9 中转频 f_r 的幅度较大，能够清晰观察。可以发现，故障特征频率 f 的幅度为 0.035，经过形态滤波器处理之后，轴承内圈故障的特征频率 157Hz 仍然淹没在大量噪声中，难以判断轴承是否发生内圈故障。

3.2　振动信号的时域多量子比特系统

第 2 章中运用量子理论将时域振动信号转换到量子域，完成了对单个采样点的量子化，在此基础上可以将单个的量子比特扩展为多量子比特系统，使其表达更多的状态信息。设某一量子系统含有 n 个量子比特，该系统中第 j $(j=1, 2, \cdots, n)$ 个量子比特的数学形式为：

$$| \Psi(j) > = w_0^j | 0 > + w_1^j | 1 > \qquad (3-5)$$

则该含 n 量子比特的量子系统 $| \Psi >$ 可以表达为[99]：

$$| \Psi > = (w_0^1 w_0^2 \cdots w_0^n) | 00 \cdots 0 > + (w_0^1 w_0^2 \cdots w_1^n) | 00 \cdots 1 > + $$
$$\cdots + (w_1^1 w_1^2 \cdots w_1^n) | 11 \cdots 1 >$$
$$= \sum_{i=0}^{2^n-1} w_i | i_b > \qquad (3-6)$$

与单个量子比特的表达式对比可以发现，多量子比特系统实际上也是叠加态。为便于与单个量子比特的基态区分，称 n 量子比特的量子系统中 $| 00 \cdots 0 >$，$| 00 \cdots 1 >$，$\cdots$，$| 11 \cdots 1 >$ 等基本组成状态为态矢。态矢 $| i_b >$ 中的 i_b 表示对应的十进制数 i 的 n 位二进制形式，二者的换算关系符合计算机中的二进制和十进制的计算，如 $| i_b > = | 00 \cdots 0 >$ 时 $i = 0$，$| i_b > = | 00 \cdots 1 >$ 时 $i = 1$，$| i_b > = | 11 \cdots 1 >$ 时 $i = 2^n - 1$。w_i 为态矢 $| i_b >$ 对应的量子概率幅，它同样符合归一化条件：

$$\sum_{i=0}^{2^n-1} | w_i |^2 = 1 \qquad (3-7)$$

当多量子比特系统中包含 n 个量子比特时，其叠加表达状态中包含 2^n 个态矢 $| i_b > \in \{ | 00 \cdots 0 >, | 00 \cdots 1 >, \cdots, | 11 \cdots 1 > \}$。如果采用多量子比特系统中的不同态矢来表示数学形态学中的不同结构元素，则结构元素可能出现的多种形式仅需通过一个多量子比特系统来统一表达，这一特点有助于在一个数学表达式的基础上，建立起一个可适用于不同情形下的高度和长度动态调整策略，进而获取自适应长度的结构元素 ALSE 和自适应高度的结构元素 AHSE。

3.3 自适应长度结构元素 ALSE

3.3.1 可行性分析

1. 应用量子系统的可行性

滚动轴承发生故障时，传感器采集的振动信号在不同采样点的邻域呈现出不同的波形，有的表现为降低，有的表现为平稳，有的表现为升高，可以将不同的波形看做多量子比特系统中不同的态矢。

如果以每一个量子比特的基态 $|0>$ 表示振动绝对值较大的振动点（即故障可能性较大的位置），以每一个量子比特的基态 $|1>$ 表示振动绝对值较小的振动点（即故障可能性较小的位置），在采样频率较高的情形下，由于紧挨着的采样点不会发生过于迅速的变化，则态矢 $|010>$ 和态矢 $|101>$ 在某种意义上可以描述波峰和波谷两种形貌，态矢 $|0*1>$ 和态矢 $|1*0>$ 某种意义上可以描述渐变（逐渐升高或者逐渐降低）的波形形貌，基态 $|000>$ 和 $|111>$ 则可以表达信号振动变化不大的平稳状态。表达波峰波谷的态矢如图 3 – 10 所示，从波形上看，此类信息可以表达波峰和波谷。

对于呈现不同形貌的采样点，MMF 采用固定长度的 CSE 执行形态滤波时，意味着忽视了等于 SE 长度的窗口宽度内信号的波形差异，制约了MMF 有效发挥信号降噪能力。多量子比特系统中不同的态矢包含不同的信息，对每一个态矢的信息进行分析，有望在量子理论的框架内对 CSE 的长度进行调节，并以此生成具有自适应长度的结构元素（adaptive length structuring element，ALSE）。

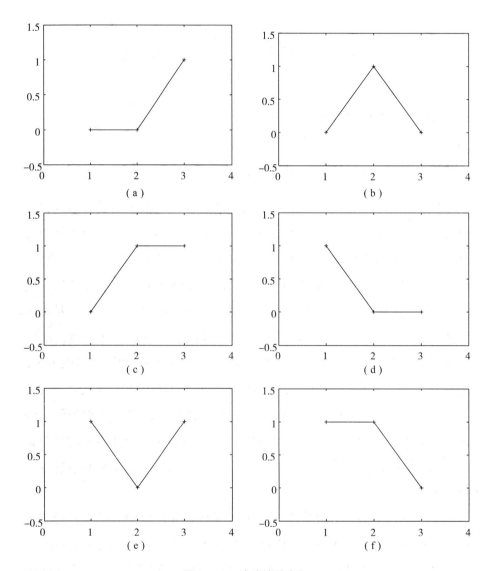

图 3 - 10　　波峰波谷态矢

Fig. 3 - 10　State vector for wave peak and wave trough

（a）态矢 $|001\rangle$；（b）态矢 $|010\rangle$；（c）态矢 $|011\rangle$；

（d）态矢 $|100\rangle$；（e）态矢 $|101\rangle$；（f）态矢 $|110\rangle$

2. 量子化方法的选择

ALSE 的设计思想为，通过变换 SE 的长度，利用梯度滤波器直接降低噪声。一方面，结合梯度滤波器的特点可知，梯度滤波器能够凸显的信号成分主要是极值，且经过梯度滤波器处理之后，全部变化为正值。因此在设计应用于梯度滤波器的 ALSE 的过程中，需要注意极值信息的凸显。另一方面，梯度滤波器的信息处理过程中，通过数学分析可以发现，绝对值较小的极值，无论是极小值还是极大值，经过梯度滤波器凸显之后并不明显。因此，在设计 ALSE 的过程中，重点关注绝对值较大的极值。综上，设计 ALSE 时文中采用振动信号的时域量子化，而不是凸显单向脉冲的时域振动信号量子化。

3.3.2　量子概率特征下的长度衡量算子

本部分结合多量子比特系统，联系振动信号在邻域内的相关性，提出用于滚动轴承振动信号滤波的结构元素长度衡量算子（length measurement operator，LMO），用于实现结构元素长度的调整。

图 3 - 11 为采样信号 $s(k)$ 的某一采样点为中心的 1×3 邻域，根据该邻域窗口生成一个含 3 量子比特的量子系统，则态矢 $|i_b>$ 为 $|i_b> \in \{|000>, |001>, \cdots, |111>\}$。利用归一化公式得到振动信号 $s(k)$ 的归一化数值 $z(k) \in [0, 1]$：

$$z(k) = \text{abs}\left(\frac{s(k)}{\max(\text{abs}(s(k)))}\right) \in [0,1] \qquad (3-8)$$

$s(k-1)$	$s(k)$	$s(k+1)$

图 3 - 11　1×3 邻域位置关系

Fig. 3 - 11　1×3 neighborhood

结合式（3-6）可知，对于三量子比特系统，若量子比特采用线性结构，则振动信号的量子系统可以写做如下形式：

$$
\begin{aligned}
& \mid z_1(k-1)z_1(k)z_1(k+1) > \\
= & \sqrt{z(k-1)z(k)z(k+1)} \mid 000 > + \\
& \sqrt{z(k-1)z(k)(1-z(k+1))} \mid 001 > + \\
& \sqrt{z(k-1)(1-z(k))z(k+1)} \mid 010 > + \\
& \sqrt{z(k-1)(1-z(k))(1-z(k+1))} \mid 011 > + \\
& \sqrt{(1-z(k-1))z(k)z(k+1)} \mid 100 > + \\
& \sqrt{(1-z(k-1))z(k)(1-z(k+1))} \mid 101 > + \\
& \sqrt{(1-z(k-1))(1-z(k))z(k+1)} \mid 110 > + \\
& \sqrt{(1-z(k-1))(1-z(k))(1-z(k+1))} \mid 111 > \quad (3-9)
\end{aligned}
$$

滚动轴承的振动在相邻时刻具有较强的关联性，在采样频率较高的条件下，相邻采样点的振动大小将会表现出关联，而噪声的相邻点的关系通常不具备此特点。基于此不同点，在图3-11所示的1×3窗口中设计长度衡量算子。根据三量子比特系统的态矢表达的波形形貌，沿1×3窗口的水平方向设计LMO，运用LMO的输出结果作为对应采样点进行形态滤波时，确定SE长度的计算依据。

LMO用于确定SE的最优长度，进而提取包含故障信息的脉冲成分，在计算结果中应当包含符合脉冲信号的波形变化。基于此，LMO要统计两方面的信息：

（1）统计波形可能呈现渐变的振动信息，对应量子系统态矢为$\mid 011 >$和$\mid 110 >$，共有四种态矢$\mid 001 >$、$\mid 011 >$、$\mid 100 >$、$\mid 110 >$；

（2）统计波形可能包含极值的振动信息，对应量子系统态矢为$\mid 010 >$和$\mid 101 >$。

结合式（3-6），渐变振动信息的态矢$\mid 001 >$、$\mid 011 >$、$\mid 100 >$、$\mid 110 >$对应的十进制数为1，3，4，6；振动极值信息的态矢$\mid 010 >$和

$|101>$ 对应的十进制为 2，5。所以，LMO 取 $i = 1$，2，3，4，5，6 时六种基态的概率总和。

综上，提出长度衡量算子 LMO 的计算方法如下：

$$\text{siz}(k) = \sum_{i=1}^{6} |w_i|^2 \qquad (3-10)$$

若采用振动信号量子比特的线性结构 $|z_1(k)>$，此时 LMO 的值为：

$$\text{siz}(k)$$

$$= \text{siz}_1(k)$$

$$= z(k-1)z(k)(1-z(k+1)) + z(k-1)(1-z(k))z(k+1) +$$

$$z(k-1)(1-z(k))(1-z(k+1)) +$$

$$(1-z(k-1))z(k)z(k+1) +$$

$$(1-z(k-1))z(k)(1-z(k+1)) +$$

$$(1-z(k-1))(1-z(k))z(k+1) \qquad (3-11)$$

对多项式进行约简得：

$$\text{siz}_1(k) = z(k-1) + z(k) + z(k+1) - z(k-1) \times z(k+1) -$$

$$z(k) \times z(k-1) - z(k) \times z(k+1) \qquad (3-12)$$

若采用振动信号量子比特的非线性结构 $|z_2(k)>$，此时 LMO 的值经过多项式约简后为：

$$\text{siz}(k)$$

$$= \text{siz}_2(k)$$

$$= \sin^2\left(z(k-1) \times \frac{\pi}{2}\right) + \sin^2\left(z(k) \times \frac{\pi}{2}\right) + \sin^2\left(z(k+1) \times \frac{\pi}{2}\right) -$$

$$\sin^2\left(z(k-1) \times \frac{\pi}{2}\right) \times \sin^2\left(z(k+1) \times \frac{\pi}{2}\right) - \sin^2\left(z(k) \times \frac{\pi}{2}\right) \times$$

$$\sin^2\left(z(k+1) \times \frac{\pi}{2}\right) - \sin^2\left(z(k) \times \frac{\pi}{2}\right) \times \sin^2\left(z(k-1) \times \frac{\pi}{2}\right)$$

$$(3-13)$$

式（3-12）和式（3-13）给出了 LMO 在线性量子比特和非线性量子比特下的数学计算式。观察 LMO 的计算方法可知，沿着邻域窗口的水平方向计算，无论从左到右或者从右到左，LMO 都能计算得出相同的数值，说明 LMO 算子在应用中具备较强的适应能力。LMO 的两种计算方法（式（3-12）和式（3-13））的思想完全相同，均是在振动信号的三量子比特系统内中运用量子概率对振动信号的波形形貌进行衡量，进而为最优的 SE 长度提供参考依据。二者在数学表达上差异来自 siz_1 采用振动信号量子比特的线性结构概率，而 siz_2 采用振动信号量子比特的非线性结构概率。

综上分析可知，在对波形进行分析时，同样是基态 $|0>$ 表示绝对值较大的点，对应于故障信息点；基态 $|1>$ 表示绝对值较小的点，对应于噪声信息点。这一点本质上和第 2 章中振动量子化的假设是一致的。

$s(k)(k=1, 2, \cdots, m)$ 的采样长度为 m，LMO 在两种量子比特结构下时间复杂度均为 $O(m)$，表明 LMO 能够快速地执行运算。采用非线性量子比特的式（3-13）中含有正弦函数的平方，实际的计算速度较式（3-12）有所降低。

3.3.3　ALSE 的计算

基于多量子比特系统计算的 LMO 定量表达了滚动轴承的振动信号中可能包含故障信息的波形形貌，以此为依据可以对 SE 的长度进行优化。文献［95］经过研究表明，SE 的长度在 $0.6d \sim 0.7d$（其中 d 为一个故障周期内的采样点数）的范围内变动时，故障脉冲的提取数量较多。参考该文献中 SE 在 $0.6d \sim 0.7d$ 内提取故障脉冲数量的曲线图，ALSE 的长度采用如下计算方式：

$$l(k) = \begin{cases} \lceil \text{len}(k) \rceil & \text{if } \text{len}(k) \leqslant 0.6d \\ \lfloor \text{len}(k) \rfloor & \text{else} \end{cases} \tag{3-14}$$

其中

$$\text{len}(k) = 0.7 \times d - 0.1 \times d \times \text{siz}(k) \qquad (3-15)$$

式（3-14）、式（3-15）限定了结构元素的长度在文献［95］提出的优化范围 $0.6d \sim 0.7d$（其中 d 为一个故障周期内的采样点数）内变动，并根据 SE 在 $0.6d \sim 0.7d$ 内的长度变化曲线斜率，对 SE 的长度进行自适应调整，依据此方法获得的自适应长度结构元素（ALSE）具有更强的故障脉冲降噪能力。ALSE 的计算过程如图 3-12 所示。

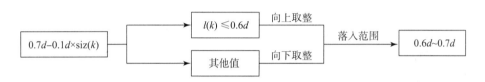

图 3-12　ALSE 长度计算

Fig. 3-12　Computation of ALSE's length

通过 LMO 来计算 ALSE 的动态长度，实际上是利用 LMO 来决定 ALSE 的处理范围，而不同的 ALSE 长度将决定振动信号的处理长度，不同长度的 ALSE 所对应的信号段长度不同，这在一定程度上考虑了振动信号的随机信息，弥补了 CSE 的长度无法随着信号进行调整以致忽视了信号随机信息的不足。

3.3.4　算法步骤

采用 ALSE 的滚动轴承信号形态学降噪方法的计算流程图如图 3-13 所示。

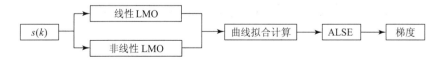

图 3-13　采用 ALSE 的降噪算法

Fig. 3-13　Denoising algorithm using ALSE

采用 ALSE 的滚动轴承信号形态学降噪方法的执行步骤描述如下：

（1）读取滚动轴承的振动信号 $s(k)$；

（2）根据线性量子比特式（3 - 12）或非线性量子比特式（3 - 13）计算 LMO；

（3）代入 LMO 的计算值，采用式（3 - 14）和式（3 - 15）计算用于对各个采样点进行降噪的 SE 对应长度；

（4）采用形态梯度滤波器式（3 - 4），利用对应 ALSE 对振动信号进行降噪处理。

对图 3 - 2 中仿真信号进行处理，结果如图 3 - 14、图 3 - 15 所示，可以看出，采用 ALSE 对信号进行处理之后，脉冲信息成功提取出来。从图 3 - 14（b）、图 3 - 15（b）可以看出，ALSE 随着波形的变化进行了长度的自适应调整。为便于比较，图 3 - 16 显示了采用非线性量子比特和线性量子比特的运算差值。

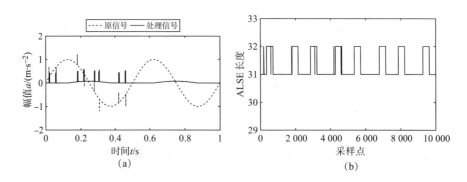

图 3 - 14　采用 ALSE 的梯度结果（非线性量子比特）

Fig. 3 - 14　Result of gradient filter using ALSE（nonlinear qbit）

（a）波形；（b）ALSE 长度变化

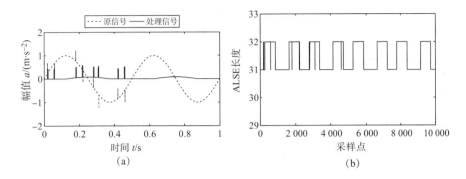

图 3 –15　采用 ALSE 的梯度结果（线性量子比特）

Fig. 3 –15　Result of gradient filter using ALSE（linear qbit）

（a）波形；（b）ALSE 长度变化

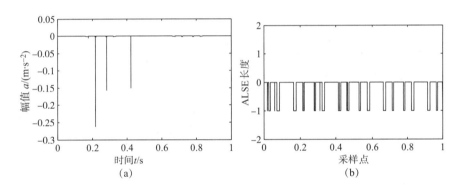

图 3 –16　采用不同量子比特的梯度之差

Fig. 3 –16　Difference of gradient filter using different qbit

（a）波形之差；（b）长度之差

3.3.5　实测信号分析

对采集的振动信号进行分析，结合参考文献［95］，由于轴承内圈故障的特征频率 $f = 157\text{Hz}$，采样频率 $f_s = 12\,000\text{Hz}$，因此连续两次故障的间隔内包含的采样点数量为 76，采用 ALSE 对应的长度浮动范围 $0.6d \sim 0.7d$ 为 45 ~ 54，滤波结果如图 3 –17、图 3 –18 所示。

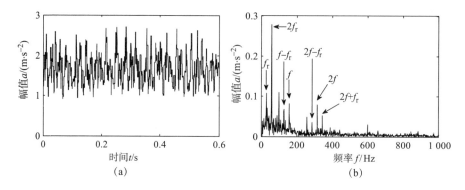

图 3 – 17　采用自适应长度结构元素的梯度结果（非线性量子比特）

Fig. 3 – 17　Result of gradient filter using ALSE（nonlinear qbit）

（a）波形；（b）频谱

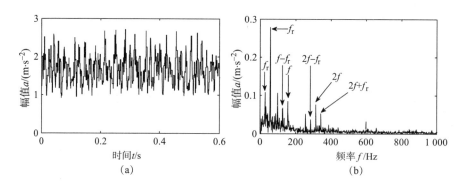

图 3 – 18　采用自适应长度结构元素的梯度结果（线性量子比特）

Fig. 3 – 18　Result of gradient filter using ALSE（linear qbit）

（a）波形；（b）频谱

1. 波形分析

梯度滤波器采用 ALSE 滤波之后，图 3 – 17（a）和图 3 – 18（a）的波形表现出一定的周期性，波形更加整洁规则，说明 ALSE 已经去除了一定的噪声信号。

2. 频谱特点分析

结合第 2 章中所述的轴承内圈故障的频谱特点对频谱图 3 – 17（b）和图 3 – 18（b）进行观察，总体上看，故障特征频率 f、故障特征频率的二倍频 $2f$，转频 f_r、转频的二倍频 $2f_r$ 都能够清晰观察，此外，故障特征频率 f 左边带 $f-f_r$、故障特征频率的二倍频 $2f$ 的左边带 $2f-f_r$ 和右边带 $2f+f_r$ 均呈现较大的幅度。

表 3 – 1 列出了图 3 – 17、图 3 – 18 中的频谱观测结果，"√"表示在频谱图中该频率幅度较大或者未被干扰频率淹没，易于观察；"×"表示在频谱图中该频率幅度较小或者被干扰频率淹没，观察困难。从表中可以看出，采用 ALSE 进行滤波分析，无论采用线性量子比特还是采用非线性量子，均取得了良好的降噪效果，所得频谱均能反映出轴承内圈的故障。

表 3 – 1　ALSE 滤波的频谱观测

Table 3 – 1　Observation of spectra for ALSE

量子比特	滤波方法	f	f 左边带	f 右边带	$2f$	$2f$ 左边带	$2f$ 右边带	f_r	$2f_r$
非线性	梯度	√	√	×	√	√	√	√	√
线性	梯度	√	√	×	√	√	√	√	√

由于设计、操作、工艺等方面的原因，真实的轴承安装之后所得的实际尺寸往往与理论值存在差异，因此实际当中的计算故障特征频率与理论的故障特征频率存在差异，在频谱图 3 – 17（b）和图 3 – 18（b）中显示，轴承的故障特征频率实际为 157Hz，与理论值 156Hz 相差了 1Hz。

图 3 – 19、图 3 – 20 展示了采用非线性量子比特和线性量子比特所得的 ALSE 长度变化，非线性量子比特所得的长度最大值为 54，最小值为 46；线性量子比特所得的长度最大值为 53，最小值为 46。

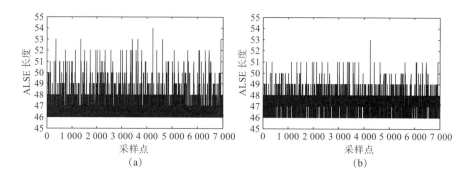

图 3 – 19 自适应长度结构元素长度变化

Fig. 3 – 19 Length of ALSE

（a）非线性量子比特；（b）线性量子比特

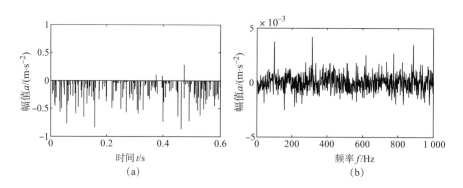

图 3 – 20 采用不同量子比特的梯度之差（ALSE）

Fig. 3 – 20 Difference of gradient filter using different qbit（ALSE）

（a）波形之差；（b）频谱之差

整体上来看，非线性量子比特所得长度大于等于 51 的 ALSE 数量多于线性量子比特。从波形和频谱图来看，两种量子比特所得的波形和频谱也具有差异，非线性量子比特 ALSE 降噪结果减去线性量子比特 ALSE 降噪结果如图 3 – 20 所示，非线性量子比特降噪之后的波形的振动值普遍更高，非线性量子比特降噪之后的频谱也普遍更高。

3. 量化指标分析

采用第 2 章提到的 3 个指标对 ALSE 的滤波性能进行分析，结果如图 3 – 21 所示。采用 ALSE 降噪所获得的 3 个指标均优于 CSE，说明 ALSE 的噪声去除效果、故障信号增强效果均优于 CSE。详细比较采用线性量子比特的 ALSE 和采用非线性量子比特的 ALSE 的降噪效果，采用非线性量子比特时，降噪指标、增强指标更好；采用线性量子比特时，频率指标更好。总体来看，采用非线性的 ALSE 的滤波效果更佳，但二者的差异极小。

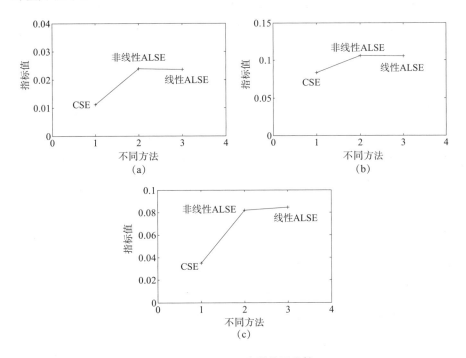

图 3 – 21　ALSE 降噪结果比较

Fig. 3 – 21　Comparison of denoising result using ALSE

（a）降噪指标；（b）增强指标；（c）频率指标

3.4 自适应高度结构元素 AHSE

3.4.1 可行性分析

1. 应用量子系统的可行性

从滚动轴承采集的振动信号表现出典型的非线性和非稳态，直接采用传统结构元素 CSE 对振动信号去除噪声时，由于 CSE 自身没有较好的考虑到振动信号在故障状态下具有明显的局部特征，当设备发生故障时，CSE 难以发挥 MMF 的优良滤波能力。因此，建立高度能够根据信号局部特征进行变化的自适应高度结构元素（adaptive height structuring element，AHSE），将极大地缓解这一问题。

根据 MM 中两个基本滤波器的数学式：膨胀滤波器式（3-1）和腐蚀滤波器式（3-3）的计算过程可知，CSE 的长度为 n，如果将其通过含 n 个量子比特的多量子比特系统表示，则态矢 $|i_b>$ 的长度同样为 n。将态矢 $|i_b>$ 的第 j 位量子比特表示为 $|i_b>(j)$，此时在膨胀滤波器和腐蚀滤波器中，CSE 对应位置的参数为 $g(j)$。若用 $|i_b>(j)$ 中的基态 $|0>$ 表示 $g(j)$ 的一种状态，用 $|i_b>(j)$ 中的基态 $|1>$ 表示 $g(j)$ 的另外一种状态，通过含 n 量子比特的多量子比特系统，含 n 个量子比特的态矢 $|i_b>$ 可以表示 CSE 的 2^n 种状态。多量子比特系统包含大量的态矢，不同的态矢可以表达不同的 CSE。因此可以将量子理论应用于 AHSE 的设计，令 SE 的高度能够随着信号不同区域的局部特征进行调整，增强 MMF 的降噪效果。

多量子比特系统所包含的量子比特数量越多，态矢 $|i_b>$ 能够表示的 CSE 就越多，可用于滚动轴承振动信号形态滤波的 CSE 就越多。当 $n=5$ 时，多量子比特系统可同时表示 2^5 种 CSE；当 $n=46$ 时，多量子比特系

统可同时表示 2^{46} 种 CSE。但随着量子比特数量 n 的增大，CSE 的数量呈指数级增加，极大地增加了计算量，综合考虑到 MMF 的信号分析能力和生成 AHSE 的计算速度，在设计 AHSE 的过程中取量子比特数量 $n=5$。

采样振动信号为实数空间的离散数值，式（3-6）中的每一个态矢代表的是一种 CSE 的状态，无法直接用于滚动轴承振动信号处理，在接下来的部分，重点研究将态矢 $|i_b>$ 从量子空间变换到实数空间的计算方法，在实数空间为振动信号处理建立可直接用于降噪滤波的具有自适应高度的结构元素（adaptive height structuring element，AHSE）。

2. 量子化方法的选择

AHSE 的设计思想为，针对膨胀滤波器和腐蚀滤波器变化 SE 的高度，分别得到应用于适用于膨胀滤波器的 AHSE 和适用于腐蚀滤波器的 AHSE，然后通过类似于梯度滤波器的方法，将采用 AHSE 的膨胀滤波器的降噪结果减去采用 AHSE 的腐蚀滤波器的降噪结果，进而得出最终的降噪信号。在最后一步中，虽然采用了类似于梯度滤波器的处理方法，对膨胀滤波的结果和腐蚀滤波的结果进行了相减，但是由于膨胀滤波器和腐蚀滤波器采用的 AHSE 是不同的，因此严格意义上来说，本质上仍然是膨胀滤波器和腐蚀滤波器进行的分别处理，并不算梯度滤波器，但为了叙述上的方便，仍然将该处理方法称作梯度滤波器。

由于膨胀滤波器更适合正向脉冲的分析，腐蚀滤波器更加适合负向脉冲的分析，因此设计 AHSE 时文中采用凸显单向脉冲的时域振动信号量子化，而不是振动信号的时域量子化。

3.4.2　QSE 的基本表达式及其映射方法

首先，模拟量子比特的表达式，建立起多量子比特下的量子启发结构元素（quantum-inspired structuring element，QSE），定义包含 n 个量子比特的 QSE（$j=1$, 2, $\cdots$, n）数学表达式如下：

$$QSE = \left[\,\left(w^1(r_1),w^1(0)\right),\left(w^2(r_2),w^2(0)\right),\cdots,\left(w^n(r_n),w^n(0)\right)\right]$$

$$(3-16)$$

$w^j(r_j)$ 表示多量子位系统中第 j 个量子比特 $|i_b>(j)$ 中基态 $|0>$ 所对应的实数状态，$w^j(0)$ 表示多量子位中第 j 个量子比特中 $|i_b>(j)$ 中基态 $|1>$ 所对应的实数状态。对比式（3-6）的多量子比特系统可知，式（3-16）表达的内容本质上与 $|i_b>$ 一致，且式（3-16）所包含的内容比 $|i_b>$ 更加具体，多出了 SE 从量子空间映射到实数空间的内容。根据量子理论的基础知识可知，当对量子系统进行测量，量子系统将会塌缩成一个具体的形式，结合到 QSE 可知，式（3-6）将会塌缩成一个具体的状态，$|\Psi>$ 将从多个状态的叠加变成一个确定的状态 $|i_b> \in \{\,|00\cdots 0>$，$|00\cdots1>$，$\cdots$，$|11\cdots1>\}$。为了下文在表达内容上的准确，称 $|i_b>$ 为 QSE 在量子空间的单一形式（single form in quantum space，SFQS），将 SFQS 映射到实数空间，则 SFQS 对应成为 QSE 在实数空间的单一形式（single form in real space，SFRS）。SFRS 是通过 QSE 得到的确定的 SE，是量子系统经过测量后塌缩得到的一个具体的 SE，换言之每一个 SE 都是一个 CSE，可直接用于形态学的信号降噪。

基于上述分析，在此建立起 QSE 的对应映射方法，使 QSE 完成从量子空间到实数空间的转换，实现 SFQS 到某一具体 SFRS 的变化，SFQS 从量子空间映射到实数空间的 SFRS，二者对应位置的转换关系如图 3-22。

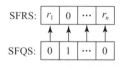

图 3-22　从 SFQS 到 SFRS 转换关系

Fig. 3-22　Change relation from SFQS to SFRS

映射过程具体描述如下：

（1）$|i_b>(j)$ 中基态 $|0>$ 的出现概率等于 $|w_0^j|^2$，多量子比特系统经过测量，得到一个量子空间中确定的 SFQS，将 SFQS 进一步映射为实数域中的 SFRS，SFRS 对应位取值为 $g(j) = r_j$。

（2）$|i_b>(j)$ 中基态 $|1>$ 的出现概率等于 $|w_1^j|^2$，多量子比特系统经过测量，得到一个量子空间中确定的 SFQS，将 SFQS 进一步映射为实数域中的 SFRS，SFRS 对应位取值为 $g(j) = 0$。

3.4.3　SFRS 高度的设置

滚动轴承运行过程中发生故障时，采集到的振动信号中包含正向脉冲信息的同时，也含有负向脉冲信息。本章所用的梯度滤波器由膨胀和腐蚀滤波器组合而成，而膨胀和腐蚀的运算方式各不相同，根据膨胀滤波器的数学式（3-1）和腐蚀滤波器的数学式（3-3）易知：

（1）膨胀滤波器对任意采样点的运算范围为：含处理采样点在内的向前共计 n（n 表示 SE 的长度）个采样点。膨胀滤波器在进行形态分析的过程中，负向脉冲的信息会被 n 个采样点中的最大值取代。从这一角度理解，膨胀滤波器更加利于正向脉冲信息的增强，负向脉冲的信息将消失或者弱化。因此针对膨胀滤波器设计的 AHSE 主要用于正向脉冲的噪声去除。

（2）腐蚀滤波器对任意采样点的运算范围为：含处理采样点在内的向后共计 n（n 表示 SE 的长度）个采样点。腐蚀滤波器在进行形态分析的过程中，负向脉冲的信息会被 n 个采样点中的最小值取代。从这一角度理解，腐蚀滤波器更加利于负向脉冲信息的提取，正向脉冲的信息将消失或者弱化。因此针对腐蚀滤波器设计的 AHSE 主要用于负向脉冲的噪声去除。

由于正向脉冲和负向脉冲的方向相反，膨胀滤波器和腐蚀滤波器的运算思路也有较大差异，因此下文中对膨胀滤波器和腐蚀滤波器的 SFRS 将分别展开讨论。膨胀的作用是将高的值变得更高，正向故障脉冲发生时，信号表现为突然的上升，二者存在统一，因此本节的膨胀滤波器针对的是正向脉冲提取，设计的 AHSE 也是用于正向脉冲分析。同理，腐蚀滤波器设计的 AHSE 面向负向脉冲提取。

1. 膨胀滤波器的 SFRS 高度

结构元素的高度会引起结构元素表现出不同的几何形状，进而影响 MMF 的分析效果，对膨胀滤波器的降噪具有极大影响，本节将在前一部分讨论的基础上，给出针对膨胀滤波器正向脉冲降噪的 SFRS 高度的确定方法。

（1）$|i_b>(j)$ 对应基态 $|0>$ 的高度取 $g(j)=r_j$。

均值指标是评价振动信号时域特征的重要指标，在信号降噪中得到了广泛的应用。同时，由于均值能在一定程度上平滑信号，抑制噪声的干扰，因此均值滤波器也被应用于噪声的去除，故本书采用均值指标来确定膨胀滤波器的 SFRS 高度。根据滚动轴承振动信号的某一采样点 $s(k)(k=1, 2, \cdots, m)$ 局部范围内的采样信息，计算局部均值的方法为：

$$K(k) = \frac{1}{5} \sum s_w(k) \qquad (3-17)$$

为尽可能地在局部范围内凸显正向脉冲信号的冲击特点，经过数据测算，当数据段长度为 5 时，局部均值的变化较为明显，因此确定 s_w 的窗口宽度 $w=5$，以某一采样点为中心选择 5 个采样点 $s_w(k)=[s(k-2), s(k-1), s(k), s(k+1), s(k+2)]$。

如果膨胀滤波器分析采样信号的第 k 个采样点，观察膨胀滤波器的计算式可知，采用 SFRS 进行形态滤波的信号段为 $[s(k-n+1), s(k-n+2), \cdots, s(k)]$，将 SFQS 通过映射准则变换为 SFRS 时，结构元素在 j 个位置的可选高度 r_j 为：

$$r_j = K(k - j + 1)(j = 1, 2, \cdots, n) \tag{3-18}$$

必须注意的是，由于每一个采样点附近的振动大小往往是不一样的，实际计算的局部均值不会相等，即 $r_1 \neq r_2 \neq \cdots \neq r_n$。当 SFRS 的量子形式为 $|i_b> = |11\cdots1>$ 时，结构元素变为 $g = [r_1, r_2 \cdots, r_n]$，此种情况下单个 SFRS 的高度彻底由局部均值的数值决定。

（2）$|i_b>(j)$ 对应基态 $|1>$ 的高度取 $g(j) = 0$。

当结构元素的高度选择 0 时具有以下两个优点：第一，当采用数值 0 作为 SE 的高度，膨胀运算对某一采样点进行运算采用的是原始值，同时滤波计算量少，形态分析速度快，也有利于 SE 与更多形式的滤波器组合，拓展结构元素的应用范围。当 SFRS 为 $|i_b> = |00\cdots0>$ 时，SFQS 每一个位置的高度均为 0，SE 变化为 $g = [0, 0, \cdots, 0]$，SFRS 成为高度为 0 的 SE，即 MMF 中的扁平形 SE，此类 SE 在由于便于控制且具有突出极值的能力，在机械振动信号的故障信息分析中得到了广泛使用。第二，上文中提到高度数值 0 对应于噪声信息，而在下文的 AHSE 合成方法中，数值 0 不会影响 AHSE 的最终高度，AHSE 每一个位置的高度完全由采样点的局部均值 r_j 决定，得到的 AHSE 更有利于冲击信号的降噪，这部分内容将在下文中继续讨论。

SFQS 通过映射准则变换为 SFRS 时，结构元素高度充分考虑到了正向冲击响应信号的局部特征，并利用局部特征的量化值对结构元素的高度进行了调节。由于不同采样点的局部特征往往不同，通过上述方法确定的高度 r_j 有较大差异。因此，SFQS 通过映射准则变换为 SFRS 时，局部均值的信息加入 SE，重点完成正向冲击信号的降噪。

2. 腐蚀滤波器的 SFRS 高度

可以发现，局部特征的定量描述量 r_j 对应的是故障信息的分析，局部特征值的大小将影响 AHSE 的形态分析能力，对于负向脉冲信号，r_j 应当有利于 $s(k)$ 数值越小的采样点位置下降越明显，进而对负向故障信息进行降噪。此处，采用信号的局部峰 – 峰值作为衡量指标：

$$r(k) = \max(s_w(k)) - \min(s_w(k)) \tag{3-19}$$

为尽可能地在局部范围内凸显负向脉冲信号的冲击特点，经过数据测算，当数据段长度为 7 时特征值的变化较为明显，因此确定 s_w 的窗口宽度取 $w = 7$，以某一采样点为中心选择 7 个采样点 $s_w(k) = [s(k-3), \cdots, s(k), \cdots, s(k+3)]$。此处选择局部峰 – 峰值作为负向脉冲的衡量指标，实际运用当中上，也可以采用局部均值。考虑到研究内容的丰富性，故意对两个滤波器采用两个指标，便于对比，而实际上，只要是能够凸显局部特征的指标都可以用于两个基本滤波器中的 AHSE 设计。

当对振动信号中的第 k 个采样点进行形态分析时，结合腐蚀滤波器计算式（3–3）可知，采用 SFRS 进行滤波分析的数据段为该采样点在内的后向 n 个采样点 $[s(k), s(k+1), \cdots, s(k+j-1)], \cdots, s(k+n-1)]$，将 SFQS 映射为实数形式的 SFRS 时，SE 第 j 个位置对应的高度 r_j 为：

$$r_j = r(k+j-1) \quad (j = 1,2,\cdots,n) \tag{3-20}$$

需要注意的是，由于每一个采样点附近的信号变化具有差别，通常的关系是 $r_1 \neq r_2 \neq \cdots \neq r_n$。当 SFQS 为 $|i_b> = |11\cdots1>$ 时，对应的 SE 为 $g = [r_1, r_2, \cdots, r_n]$，SFRS 的高度完全由局部峰 – 峰值决定。局部特征的定量描述量 r_j 保证了腐蚀的时候，重点针对故障位置对应的负向脉冲信号，使负向脉冲存在位置的值变得更小，有利于故障负向脉冲信息的降噪。

在腐蚀滤波器的 SE 高度中，同样是 $|i_b>(j)$ 对应基态 $|1>$ 的高度取 $g(j) = 0$，$|i_b>(j)$ 对应基态 $|0>$ 的高度取 $g(j) = r_j$。二者的关系分析，可参考膨胀滤波器的 SE 高度选择不同值的讨论部分。

3.4.4　量子概率幅的设置

1. 膨胀滤波器的量子概率幅

通过前文所提的处理方法，QSE 将产生具备不同高度的 SFRS，结合多量子比特系统可知，不同的 SFRS 出现概率受到每一个量子比特的影响，不同的 SFRS 出现的概率明显不同。由于多量子比特系统中每一个量子概率幅 (w_0^j, w_1^j) 与 SFRS 出现概率直接联系，而不同的 SFRS 必然得出不同的膨胀滤波效果，因此有必要对每一个量子比特的概率幅进行科学的设置。

根据第 2 章中振动信号量子化的过程可知，量子概率幅 (w_0^j, w_1^j) 满足以下条件：

$$0 \leqslant w_0^j \leqslant 1 \qquad (3-21)$$

$$0 \leqslant w_1^j \leqslant 1 \qquad (3-22)$$

振动信号归一化处理以后，首先符合式（3 - 21）和式（3 - 22）的约束，可直接用于计算每一个量子比特的基态概率幅[42,99]。对滚动轴承采样信号 $s(k)$ 采用 2.6 节中，凸显正向脉冲的振动信号量子化方法。采用以下算式归一化：

$$z(k) = \frac{s(k) - \min(s(k))}{\max(s(k)) - \min(s(k))} \in [0,1] \qquad (3-23)$$

在第 2 章中已经讨论过凸显正向脉冲的振动信号的线性和非线性量子比特，两种情况下的基态概率幅计算方式如下：

（1）凸显正向脉冲的振动信号线性量子比特。

由于基态 $|0>$ 表示故障信息，归一化值越大，出现故障信息的可能性越大，因此直接采用 $z(k-j+1)$ 表示量子比特 $|i_b>(j)$ 中基态 $|0>$ 的概率幅：

$$w_0^j = \sqrt{z(k-j+1)} \qquad (3-24)$$

为符合量子概率幅的归一化约束，计算可知量子比特 $|i_b>(j)$ 中基态 $|1>$ 的概率幅为：

$$w_1^j = \sqrt{1 - z(k-j+1)} \qquad (3-25)$$

（2）凸显正向脉冲的振动信号非线性量子比特。

同理，可使用正弦函数计算量子比特 $|i_b>(j)$ 中基态 $|0>$ 的量子

概率幅：

$$w_0^j = \sin(\pi/2 \times z(k - j + 1)) \qquad (3-26)$$

结合归一化条件，可计算得出量子比特 $|i_b>(j)$ 中基态 $|1>$ 的量子概率幅为：

$$w_1^j = \cos(\pi/2 \times z(k - j + 1)) \qquad (3-27)$$

上述公式中，$j=1，2，\cdots，n$。直接用振动信号的归一化值计算量子比特 $|i_b>(j)$ 的概率幅，相当于在量子概率幅中融合了信号内部携带的振动信息，从而降低了人为设置量子概率幅的不利影响。式（3-24）和式（3-25）的平方值就是 $|i_b>(j)$ 中基态 $|0>$ 和 $|1>$ 的出现概率，说明直接通过计算信号能够得出 QSE 中不同量子比特的基态概率。

当正向故障冲击发生时，振动信号的数值会瞬间发生剧烈的增加，对应的归一化值 $z(k)$ 大，$|i_b>(j)$ 出现基态 $|0>$ 的概率大，采用局部均值作为结构元素中对应位置 $g(j)$ 的概率就大；若正向故障冲击没有发生，则对应的振动信号归一化值 $z(k)$ 偏小，$|i_b>(j)$ 出现基态 $|1>$ 的概率大，采用 0 作为结构元素中对应位置 $g(j)$ 的概率就大。综上，采用式（3-24）和式（3-25）的方式计算概率幅，能够以符合实际的概率生成与采样信号的正向脉冲局部特征相适应的 SFRS。

2. 腐蚀滤波器的量子概率幅

为了保证提取到准确的负向故障信息，需要关注数值突然下降的位置，腐蚀的时候尽量使这些位置的值变得更小，通过腐蚀就能够将故障的位置凸现出来。

在本节中，对 $s(k)$ 采用腐蚀滤波器处理。振动信号被归一化后，由于满足量子概率幅的归一化要求，可直接用作基态的概率幅[42,99]。对滚动轴承采样信号 $s(k)$ 采用 2.6 节中，凸显负向脉冲的振动信号量子化方法。用式（3-28）对振动信号 $s(k)$ 进行归一化处理：

$$z(k) = \frac{-s(k) - \min(-s(k))}{\max(-s(k)) - \min(-s(k))} \in [0,1] \qquad (3-28)$$

归一化后的信号，负向脉冲出现的位置数值较高。腐蚀滤波器处理采样信号的第 k 个采样点时，与腐蚀滤波器的 AHSE 进行运算的数据段为 $[s(k), s(k+1), \cdots, s(k+j-1), \cdots, s(k+n-1)]$，对应的归一化值为 $[z(k), z(k+1) \cdots, z(k+j-1), \cdots, z(k+n-1)]$，其中 $j = 1, 2, \cdots, n$；$k = 1, 2, \cdots, m$。

在第 2 章中已经讨论过凸显负向脉冲的振动信号的线性和非线性量子比特，两种情况下的基态概率幅计算方式如下：

（1）凸显负向脉冲的振动信号线性量子比特。

由于 $|i_b> (j) = |0>$ 时，$g(j) = r_j$，因此确定 $|i_b> (j)$ 的基态 $|0>$ 的概率幅为：

$$w_0^j = \sqrt{z(k+j-1)} \tag{3-29}$$

为满足量子系统的归一化条件，采用振动信号归一化值表示 $|i_b> (j)$ 的基态 $|1>$ 的概率幅：

$$w_1^j = \sqrt{1 - z(k+j-1)} \tag{3-30}$$

（2）凸显负向脉冲的振动信号非线性量子比特。

采用正弦函数表示基态 $|1>$ 的概率幅为：

$$w_0^j = \sin(\pi/2 \times z(k+j-1)) \tag{3-31}$$

采用余弦函数表示基态 $|0>$ 的概率幅为

$$w_1^j = \cos(\pi/2 \times z(k+j-1)) \tag{3-32}$$

把信号的归一化值直接用于计算 $|i_b> (j)$ 概率幅，相当于将信号的自身信息添加进了概率幅，克服了人为设定量子概率幅的不良影响。经过映射之后，$z(k)$ 越大的位置，即出现负向故障可能性越大的位置，$g(j) = r_j$ 的可能性越大，腐蚀改变其值的可能性越大；$z(k)$ 越小的位置，即出现负向故障可能性越小的位置，$g(j) = 0$ 的可能性越大，腐蚀改变其值的可能性越小。因此，运用线性振动信号量子比特式（3-29）、式（3-30）或者非线性振动信号量子比特式（3-31）、式（3-32）的概率幅设置，能够保证对负向故障信息位置尽可能大的修改

以突出故障位置，达到负向故障信息的降噪目的。

3.4.5 AHSE 的计算

在前文的讨论中，充分考虑到正、负脉冲的波形局部特征而生成的 SFRS 将以各自对应的概率出现，本节将对量子空间中不同 SFQS 产生的 SFRS 所携带的信息进行合成。首先展开量子启发结构元素 QSE，然后计算每一个 SFRS 对应的量子概率，采用数学期望的原理，将全部类型的 SFRS 合并进一个 SE，产生出用于两个基本滤波器的 AHSE。

将式（3–16）表达的 QSE 在量子空间展开成式（3–6）所表达的多量子比特系统，获得 QSE 在量子空间内的数学展开式（expanded form in quantum space，EFQS）qs_ ef：

$$qs\_ef = w_0^1 \times w_0^2 \times \cdots \times w_0^n \,|00\cdots0> + w_0^1 \times w_0^2 \times \cdots \times w_0^n \,|00\cdots1> + \cdots + w_1^1 \times w_1^2 \times \cdots \times w_1^n \,|11\cdots1> \qquad (3-33)$$

经过观察测量后，式（3–33）将坍缩为其表达式内的某一态矢 $|i_b>$，即前文所说的 SFQS，其数学表达式和取值范围如下：

$$|i_b> \in \{\,|00\cdots0>, |00\cdots1>, \cdots, |11\cdots1>\} \qquad (3-34)$$

结合式（3–6）可知，$|i_b>$ 对应的概率幅 w_i 为：

$$w_i \in \{w_0^1 \times w_0^2 \times \cdots \times w_0^n, \cdots, w_1^1 \times w_1^2 \times \cdots \times w_1^n\} \qquad (3-35)$$

在真实的物理世界中，量子系统虽然具有多个态矢，却只会表现出其中的一个状态。以膨胀滤波器为例，对 EFQS 的膨胀处理实际表现为滤波器对 SFQS 的膨胀处理：

$$s \oplus qs\_ef \cong s \oplus |i_b> \qquad (3-36)$$

显而易见的是，发生上述的 $s \oplus |i_b>$ 运算的概率为：

$$p(s \oplus |i_b>) = w_i^2 \qquad (3-37)$$

联系数学期望的原理，膨胀滤波器对 EFQS 执行处理后的期望值为：

$$E(s \oplus qs\_ef) = \sum_{i=0}^{2^n-1} w_i^2 \times (s \oplus |i_b>) \qquad (3-38)$$

根据映射的实施方法，将式（3 – 34）映射到实数空间获得 SFRS，其数学表达式和取值范围如下：

$$qs\_\ r \in \{[r_1, r_2, \cdots, r_n], [r_1, r_2, \cdots, 0], \cdots, [0, 0, \cdots, 0]\}$$

$$(3 – 39)$$

$[r_1, r_2, \cdots, r_n]$，$[r_1, r_2, \cdots, 0]$，$[0, 0, \cdots, 0]$ 的量子概率等于对应的态矢 $|i_b>$ 的概率幅 w_i 的平方。

结合式（3 – 38）和式（3 – 39），对各个 SFRS 进行合成获得具有自适应高度的结构元素（adaptive height structuring element，AHSE），AHSE 为 SFRS 按照数学期望得到的合成式 qs_ ah：

$$qs\_\ ah = (w_1^0 \times w_2^0 \times \cdots \times w_n^0)^2 [r_1, r_2, \cdots, r_n] + (w_0^1 \times w_0^2 \times \cdots \times w_0^n)^2$$
$$[r_1, r_2, \cdots, 0] + \cdots + (w_1^1 \times w_1^2 \times \cdots \times w_1^n)^2 [0, 0, \cdots, 0]$$

$$(3 – 40)$$

$$qs\_\ ah = |w_0|^2 [r_1, r_2, \cdots, r_n] + |w_1|^2 [r_1, r_2, \cdots, 0] +$$
$$\cdots + |w_{2^n-1}|^2 [0, 0, \cdots, 0]$$

$$(3 – 41)$$

上式中，可将量子概率 $|w_i|^2$ 视作量子权重。

同理，用于腐蚀滤波器的 AHSE 同样采用式（3 – 41）合成，此时对于量子权重 $|w_i|^2$，腐蚀滤波器的 AHSE 处理的信号段为 $[s(k), s(k+1), \cdots, s(k+j-1), \cdots, s(k+n-1)]$，对应的归一化值为 $[z(k), z(k+1), \cdots, z(k+j-1), \cdots, z(k+n-1)]$。如果信号段内没有负向故障信息，$|w_{2^n-1}|^2$ 的值就越大，$[0, 0, 0, \cdots, 0]$ 所占的比重就越大；如果全部为负向故障信息，$|w_0|^2$ 的值越大，$[r_1, r_2, \cdots, r_n]$ 所占的比重越大。同理可知如果负向故障信息出现在某一部分，腐蚀滤波器的 AHSE 中相应结构形状的 SFRS 所占的比重越大，如 $z(k+1)$ 的位置为负向故障信息，其他都不是负向故障信息，那么 $[0, r_2, 0, \cdots, 0]$ 所占的比重越大，腐蚀滤波器的 AHSE 能够跟随信号的变化而自适应调整。

可以发现，在本节中并没有区分用于膨胀滤波器的 AHSE 合成和用于腐蚀滤波器的 AHSE 合成。观察算法的原理可知，用于两种滤波器的合成方法是一致的，所不同的是用于两个基本滤波器的 AHSE 中的高度 r_j 和量子概率幅 (w_0^j, w_1^j) 生成时所用的信号段不同。

3.4.6　算法步骤

具有自适应高度的 AHSE 计算过程如图 3 - 23。

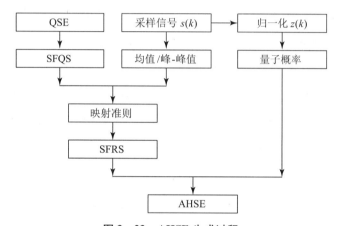

图 3 - 23　AHSE 生成过程

Fig. 3 - 23　Generation procedure of the AHSE

采用 AHSE 的滚动轴承信号形态学降噪方法的执行步骤描述如下：

（1）读取滚动轴承的振动信号 $s(k)$；

（2）根据式（3 - 18）计算膨胀滤波器的 SFRS 高度，根据式（3 - 20）计算腐蚀滤波器的 SFRS 高度；

（3）根据式（3 - 23）计算膨胀滤波器的量子概率幅，其中线性量子比特的概率幅采用式（3 - 24）、式（3 - 25），非线性量子比特的概率幅采用式（3 - 26）、式（3 - 27）；根据式（3 - 28）计算腐蚀滤波器的量子概率幅，其中线性量子比特的概率幅采用式（3 - 29）、式（3 - 30），非线性量子比特的概率幅采用式（3 - 31）、式（3 - 32）；

（4）采用式（3 - 41），生成膨胀滤波器的 AHSE 和腐蚀滤波器的 AHSE；

（5）将对应的 AHSE 分别应用于膨胀和腐蚀滤波器，得到两个降噪信号；

（6）采用类似于形态梯度滤波器式（3 – 4）的方法，对上一步中得到的两个降噪信号进行相减（膨胀结果减去腐蚀结果），得到最终的降噪信号。

对图 3 – 2 中仿真信号进行处理，结果如图 3 – 24、图 3 – 25 所示，可以看出，采用 AHSE 对信号进行处理之后，脉冲信息较 CSE 更加突出，说明 AHSE 对脉冲的分析能力更强。图 3 – 26 显示了采用非线性量子比特和线性量子比特的差值。

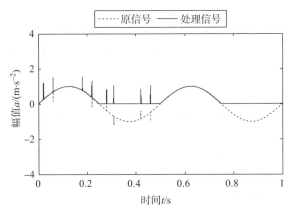

图 3 – 24　采用 AHSE 的梯度结果（非线性量子比特）

Fig. 3 – 24　Result of gradient filter using AHSE（nonlinear qbit）

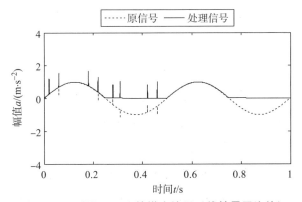

图 3 – 25　采用 AHSE 的梯度结果（线性量子比特）

Fig. 3 – 25　Result of gradient filter using AHSE（linear qbit）

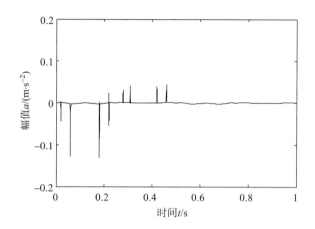

图 3 - 26　采用不同量子比特的波形之差

Fig. 3 - 26　Difference of gradient filter using different qbit

3.4.7　AHSE 性质分析

1. 膨胀滤波器的 AHSE

由式（3 - 40）可知，用于膨胀滤波器的 AHSE 为全部 SFRS 按照量子概率进行的合成，不同 SFRS 在 AHSE 中所占的权重由各自的量子概率确定。结合线性量子比特的量子概率幅式（3 - 24）、式（3 - 25）和非线性量子比特的量子概率幅式（3 - 26）、式（3 - 27），可知针对膨胀滤波器的 AHSE 具有以下性质：

（1）$|i_b>(j)$ 中与正向冲击成分相关的位置取基态 $|0>$ 的概率大，映射到实数空间，$g(j)$ 中与正向冲击相关的位置取局部均值指标的概率大，因此膨胀滤波器的 AHSE 中局部均值所占的比重大，膨胀后正向冲击信号凸显的可能性很大。

（2）$|i_b>(j)$ 中与正向冲击不相关的位置取基态 $|1>$ 的概率大，映射到实数空间，$g(j)$ 中与正向冲击不相关的位置取 0 的概率大，因此膨胀滤波器的 AHSE 中局部均值所占的比重小，膨胀后非正冲击响应信

号凸显的可能性小。

（3）从计算过程来看，取 0 并不会改变高度，换言之，局部均值决定每一个 SFRS 的高度，因此从计算的角度上看，AHSE 的最终高度完全由采样点的局部均值和 SFRS 对应的量子概率决定。

（4）由于根据不同的采样点生成的信息不同，因此膨胀滤波器的 AHSE 将随着信号的变化而自动调节高度。

（5）每一个采样点所用的 AHSE 均根据各自的局部特征生成，而每一个 AHSE 中所包含的 SFRS 可用于处理不同的形状，使用 AHSE 进行膨胀滤波处理时，实际上每一次膨胀滤波处理都是多个膨胀滤波处理结果的合成，具有更强的非线性、非稳态信号降噪能力。

2. 腐蚀滤波器的 AHSE

本书采用的腐蚀滤波器的 AHSE 为量子系统所包含的全部 SFRS 的合成，不同 SFRS 所占的权重由信号本身的信息确定。将 $s(k)$ 作为分析信号，结合量子权重生成过程和 SE 高度生成方法，可知腐蚀滤波器的 AHSE 具备以下性质：

（1）$|i_b>(j)$ 中与负向冲击成分相关的位置取基态 $|0>$ 的概率大，通过映射准则变换到实数域，$g(j)$ 中对应负向冲击成分的位置取局部峰 – 峰值 r_j 的概率大，因此腐蚀滤波器的 AHSE 中局部峰 – 峰值 r_j 所占的权重大，腐蚀后故障信号中的负向脉冲凸显的可能性变高。

（2）$|i_b>(j)$ 中与负向冲击成分不相关的位置取基态 $|1>$ 的概率大，通过映射准则变换到实数域，$g(j)$ 中与负向冲击成分不相关的位置取 0 的概率大，因此腐蚀滤波器的 AHSE 中局部峰 – 峰值 r_j 所占的权重小，腐蚀后非负向冲击成分凸显的可能性小。

（3）由于 0 值并不会改变高度，因此从本质上说，局部峰 – 峰值 r_j 才能够影响每一个 SFRS 的高度，腐蚀滤波器的 AHSE 的高度完全由局部特征量 r_j 和 SFRS 对应的量子权重 $|w_i|^2$ 决定。

（4）由于根据不同的采样点生成的信息不同，最终合成的腐蚀滤波器的 AHSE 往往不同，腐蚀滤波器的 AHSE 随着信号的变化而自动调节高度。

（5）每一个采样点所用的 AHSE 均根据各自的局部特征生成，而每一个 AHSE 中所包含的 SFRS 可用于处理不同的形状，使用 AHSE 进行腐蚀滤波处理时，实际上每一次腐蚀滤波处理都是多个腐蚀滤波处理结果的合成，具有更强的非线性、非稳态信号降噪能力。

二者的计算区别见表 3－2。从表中可以看出，两种类型的 AHSE 具有以下几个主要的不同：

（1）面向的滤波器不一样：一个面向膨胀滤波器，一个面向腐蚀滤波器。

（2）归一化的方式和目的不同：一个用于凸显正向脉冲，一个用于凸显负向脉冲。

（3）处理范围不一样：一个向前处理 n 个采样点，一个向后处理 n 个采样点。

（4）高度设置不同：一个使用局部均值和 0，一个使用局部峰－峰值和 0。

表 3－2　用于两种基本形态滤波器的 AHSE 比较

Table 3－2　Comparison of AHSE for two basic MMFs

名称	针对对象	归一化方法	处理范围	高度
膨胀滤波器的 AHSE	正向脉冲	$z(k) = \dfrac{s(k) - \min(s(k))}{\max(s(k)) - \min(s(k))}$	$[s(k-n+1), s(k-n+2), \cdots, s(k)]$	局部均值和 0
腐蚀滤波器的 AHSE	负向脉冲	$z(k) = \dfrac{-s(k) - \min(-s(k))}{\max(-s(k)) - \min(-s(k))}$	$[s(k), s(k+1), \cdots, s(k+n-1)]$	局部峰－峰值和 0

3.4.8　实测信号分析

采用 AHSE 对采集的内圈轴承故障信号进行分析，结果如图 3 – 27、图 3 – 28 所示。

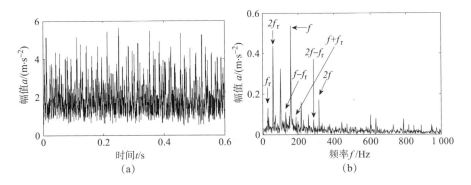

图 3 – 27　采用自适应高度结构元素的梯度结果（非线性量子比特）

Fig. 3 – 27　**Result of gradient filter using AHSE（nonlinear qbit）**

（a）波形；（b）频谱

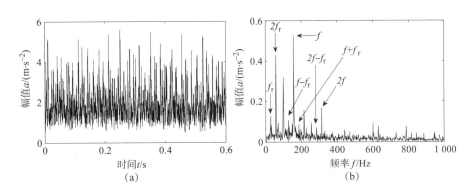

图 3 – 28　采用自适应高度结构元素的梯度结果（线性量子比特）

Fig. 3 – 28　**Result of gradient filter using AHSE（linear qbit）**

（a）波形；（b）频谱

1. 波形分析

梯度滤波器采用 AHSE 滤波之后，波形中的冲击信息呈现出一定的周期性，噪声得到了显著抑制。同时，脉冲信号的细节特征保留较好。

2. 频谱特点分析

结合第 2 章中所述的轴承内圈故障的频谱特点对频谱图进行观察和比较，图中，故障特征频率 f、故障特征频率的二倍频 $2f$、转频 f_r、转频的二倍频 $2f_r$、故障特征频率 f 左边带 $f-f_r$、右边带 $f+f_r$，故障特征频率的二倍频 $2f$ 的左边带 $2f-f_r$ 峰值较高。

表 3 - 3 列出了中图 3 - 27、图 3 - 28 的频谱观测结果，"√"表示在频谱图中该频率幅度较大或者未被干扰频率淹没，易于观察；"×"表示在频谱图中该频率幅度较小或者被干扰频率淹没，观察困难。从表中看，采用 AHSE 进行滤波达到了较好的降噪效果，可以判定轴承发生了内圈故障。

表 3 - 3　AHSE 滤波的频谱观测

Table 3 - 3　Observation of spectra for AHSE

量子比特	滤波方法	f	f左边带	f右边带	$2f$	$2f$左边带	$2f$右边带	f_r	$2f_r$
非线性	梯度	√	√	√	√	√	×	√	√
线性	梯度	√	√	√	√	√	×	√	√

由于设计、操作、工艺等方面的原因，真实的轴承安装之后所得的实际尺寸往往与理论值存在差异，因此实际当中的计算故障特征频率与理论故障特征频率存在差异，从频谱图中的显示情况来看，轴承的故障特征频率实际为 157Hz，与理论值 156Hz 相差了 1Hz。

需要注意的是，从波形图和频谱图上对比结果来看，对于梯度滤波

器，无论采用线性量子比特还是采用非线性量子比特生成 AHSE，得到
的滤波结果似乎并无差异，而实际上二者是存在一定的差异的，只是差
异微弱，不容易观察。为便于区分，令非线性量子比特 AHSE 降噪结果
减去线性量子比特 AHSE 降噪结果，图 3 − 29 展示了二者的差异，可以
看出非线性量子比特处理后的振动幅度和频率幅度更高。

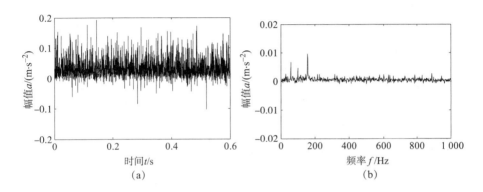

图 3 − 29 采用不同量子比特的梯度之差（AHSE）

Fig. 3 − 29 Difference of gradient filter using different qbit（AHSE）

（a）波形之差；（b）频谱之差

3. 量化指标分析

采用第 2 章提到的三个指标对 AHSE 的滤波性能进行分析，结果如
图 3 − 30 所示。采用 AHSE 降噪所获得的三个指标值大于 CSE，说明采
用 AHSE 的形态梯度滤波器具备更好的噪声去除效果、更强的故障信号
增强能力。详细比较采用线性量子比特的 AHSE 和采用非线性量子比特
的 AHSE 的降噪效果，频率指标是采用非线性量子比特的 AHSE 的处理
效果更佳，其他则是采用线性量子比特的 AHSE 的处理效果更佳。从总
体来看，采用线性量子比特的 AHSE 的效果更佳。

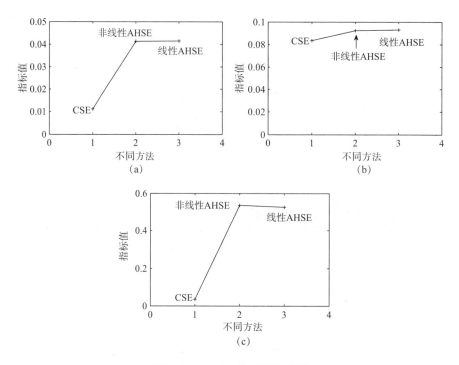

图 3 – 30　AHSE 降噪结果比较

Fig. 3 – 30　Comparison of denoising result using AHSE

（a）降噪指标；（b）增强指标；（c）频率指标

3.5　ALSE 和 AHSE 区别

3.5.1　量子化方法区别

梯度滤波器的数学运算过程实际上是对采样点附近的数值进行差值运算，当 SE 的长度在 $0.6d \sim 0.7d$（其中 d 为一个故障周期内的采样点数）的范围内变动时，靠近 0 值附近的振动信息，实际上是难以提取的。经过分析发现，梯度滤波器对绝对值较大的采样点具有良好的凸显性能。由于设计的 ALSE 直接用于梯度滤波器，因此文中的量子化方法采用的是振动信号的时域量子化。

　　AHSE 在设计的过程中，实际上是对膨胀滤波器和腐蚀滤波器分别设计了一种对应的 AHSE，最后对膨胀和腐蚀的结果进行相减，由于膨胀滤波器和腐蚀滤波器的 AHSE 不一样，所以从本质上看并不是梯度滤波器，只是采用了相似的数学处理（文中为了叙述方便，同样称之为梯度滤波器）。从这一点来看，运用 AHSE 降噪，本质上仍然是膨胀滤波器和腐蚀滤波器进行的分别处理，由于膨胀滤波器更适合正向脉冲的分析，腐蚀滤波器更加适合负向脉冲的分析，因此设计 AHSE 时文中采用凸显单向脉冲的时域振动信号量子化。

3.5.2　指标分析

　　本章针对 MMF 中的 CSE 面临的长度和高度两个问题，结合多量子比特系统，提出了长度自适应的结构元素 ALSE 和高度自适应的结构元素 AHSE，解决了 CSE 无法动态调整长度和高度的问题。ALSE 和 AHSE 的区别如表 3 - 4 所示。

表 3 - 4　ALSE 和 AHSE 区别

Table 3 - 4　Difference between ALSE and AHSE

结构元素名称	特点	理论基础	与信号的关系
长度自适应结构元素 ALSE	长度自适应	多量子比特系统采用部分量子态	考虑信号随机性
高度自适应结构元素 AHSE	高度自适应	多量子比特系统采用全部量子态	考虑信号局部特征

　　结合第 2 章提到的三个指标，对 ALSE 和 AHSE 的处理结果作进一步分析，采用非线性量子比特和线性量子比特的结果分别如图 3 - 31、图 3 - 32 所示：

　　（1）在降噪指标方面，无论是非线性量子比特还是线性量子比特，采用 ALSE 和 AHSE 的梯度滤波器的降噪指标均比 CSE 强，一定程度说明 AHSE、ALSE 的降噪能力强于 CSE；AHSE 的降噪指标强于 ALSE，一定程度说明 AHSE 的降噪能力强于 ALSE。

（2）在增强指标方面，无论是非线性量子比特还是线性量子比特，采用 ALSE 和 AHSE 的梯度滤波器的增强指标均比 CSE 强，一定程度说明 AHSE、ALSE 的故障特征增强能力强于 CSE；ALSE 的增强指标强于 AHSE，一定程度说明 ALSE 的增强能力强于 AHSE。

（3）在频率指标方面，无论是非线性量子比特还是线性量子比特，采用 ALSE 和 AHSE 的梯度滤波器的频率指标均比 CSE 强，采用 AHSE、ALSE 的故障特征频率较 CSE 更易观察；AHSE 的频率指标强于 ALSE，一定程度说明采用 AHSE 的故障特征频率较 ALSE 更易观察。

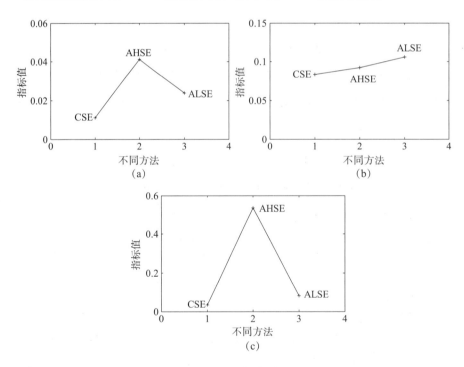

图 3 – 31　降噪结果比较（非线性量子比特）

Fig. 3 – 31　Comparison of denoising result（nonlinear qbit）

（a）降噪指标；（b）增强指标；（c）频率指标

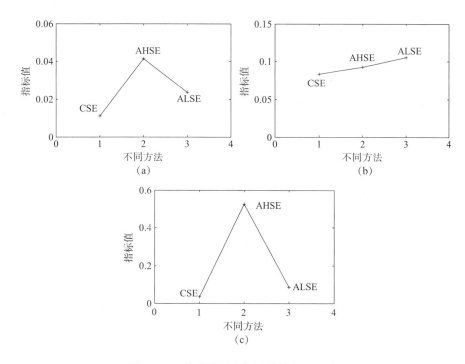

图 3 − 32　降噪结果比较（线性量子比特）

Fig. 3 − 32　Comparison of denoising result（linear qbit）

（a）降噪指标；（b）增强指标；（c）频率指标

综上，与 CSE 相比较，无论是线性量子比特，还是非线性量子比特，AHSE 和 ALSE 降噪效果更佳，故障信号增强更明显；同时，AHSE 的降噪指标和频率强于 ALSE，一定程度说明 AHSE 的处理效果更好。

3.5.3　AHSE 优于 ALSE 的原因分析

虽然 ALSE 针对的是振动信号的随机性，但也在一定程度上考虑了局部特征；AHSE 针对的是局部特征，但是也在一定程度上考虑了随机性。从本质上说，两种自适应结构元素都跟随信号的局部特征和随机性进行动态调整，解决了 CSE 长度和高度参数固定的缺陷，更加适合非稳态非线性信号的分析。

但是从实际分析来看，AHSE 的处理效果更好。出现这一结果主要是由于 ALSE 采用梯度滤波器，因此对正负脉冲采用一个式子进行量子化；而 AHSE 尽管采用了类似于梯度滤波器的处理方法（为了叙述方便，文中将其称为梯度滤波器），但本质上仍然是膨胀滤波器和腐蚀滤波器，只是对二者的结果进行了相减，因此对正负脉冲进行了区分量子化。由于 AHSE 对正负脉冲进行了区分，处理方式上更加细化，因此 AHSE 优于 ALSE。

3.6　本章小结

本章在第 2 章振动信号时域量子化的基础上，结合量子理论的基本知识，充分考虑时域信号的随机性和局部特征，对形态梯度滤波器当中的关键变量：结构元素的长度和高度，进行了深入研究，提出了量子框架下的自适应的长度和高度调整方法，建立了自适应长度结构元素（adaptive length structuring element，ALSE）和自适应高度结构元素（adaptive height structuring element，AHSE），并用两种自适应结构元素在时域完成对故障冲击信号的降噪。主要研究了以下内容：

（1）构建了振动信号的时域多量子比特系统。

在振动信号量子化表达的基础上，构建了振动信号的时域多量子比特系统，将振动信号的量子表达形式从采样点拓展到邻域，增强对时域振动信号局部特征和随机性的表达，为振动信号的邻域状态描述提供了新的物理方法。

（2）提出了自适应长度的结构元素 ALSE。

结合时域多量子比特系统，借助量子概率衡量振动信号的随机性，并根据量化指标优化结构元素的长度，完成了形态学结构元素的长度自适应调整。实测信号分析表明，ALSE 充分考虑了振动信号的随机性，为机械故障振动信号的噪声去除提供了一条新途径。

（3）提出了自适应高度的结构元素 AHSE。

采用振动信号的多量子比特系统，对振动信号的局部特征进行刻画，结合数学期望实现了结构元素高度的动态调整，使得 AHSE 能够分析振动信号中不同的波形形貌，避免了传统结构元素只能处理某些特定形状的不足。将 AHSE 应用于轴承故障振动信号分析，结果表明 AHSE 的降噪能力由于 CSE。

（4）对比分析了 ALSE、AHSE。

采用降噪指标、增强指标、频率指标对所提的算法进行了分析，总体上看，AHSE 的性能强于 ALSE。与 CSE 比较，二者均提高了 MMF 的降噪能力和故障信号增强能力。

虽然 ALSE 针对的是振动信号的随机性，AHSE 针对的是局部特征，但随机性和局部特征实际上是混合在一起的，难以单独处理。因此，从本质上说，两种自适应结构元素均结合了信号的局部特征和随机性对 SE 的相关参数进行调整，具备更强的非稳态、非线性信号分析能力，提高了 MMF 的降噪能力。

但是本章的降噪方法只能应用在时域，小波分析作为振动信号分析的有力工具之一，其处理过程在小波域进行，因此有必要将量子理论的应用从时域扩展到小波域，下一章将研究量子理论在小波域的降噪方法。

第4章

结合量子理论和数理统计模型的
降噪方法研究

　　小波分析克服了传统信号分析方法的不足，在机械设备的非线性、非稳态信号的降噪处理中得到广泛应用。采用小波技术对信号降噪时，通常的思路是对小波系数进行收缩，进而去除噪声提高信噪比，但主流的小波系数收缩降噪方法仍有一定的局限性：一方面此类方法中普遍假设小波系数服从高斯概率分布，但国内外的研究表明[100-105]，小波的压缩特性使得小波系数在分布上呈现"高峰值"和"长拖尾"两个特征，小波系数的概率密度函数并不严格符合高斯密度函数，假设小波系数在数理统计上满足高斯分布得到的相关结论可以进一步改进。另一方面，此类方法多对小波系数从整体上进行考虑，对小波系数直接进行整体性的处理[102-108]，造成了小波系数的整体变化，忽视了不同位置的小波系数的不同特点。

　　当滚动轴承发生故障时，滚动轴承状态监测信号为噪声信号与故障信号的叠加，经过小波变换后，小波系数仍然为噪声信号小波系数和故障信号小波系数的叠加，这一特点与量子比特的叠加态类似，本章将量子比特的叠加态从第 3 章的时域推广到小波域，结合小波系数的尺度相关性对小波系数进行伸缩实现降噪，进一步拓展量子理论的应用范围。

首先，针对小波系数采用高斯分布模型的缺陷，结合滚动轴承振动信号小波系数的分布特点，建立起 3 种更加符合小波系数的概率密度分布模型；然后，采用贝叶斯极大后验估计（maximum a posterior，MAP）准则，利用小波系数父—子代两个尺度间的相关性，严格从数学上推导出 3 种基于量子叠加态参数估计的自适应小波系数伸缩函数，对每一个小波系数进行单独的非线性收缩。该方法充分考虑了小波系数的局部特征，克服了整体伸缩小波系数的不足。应用分析中，将 3 种自适应小波系数伸缩函数用于滚动轴承振动信号，均取得了良好的降噪效果和故障信号增强效果。

4.1　基本理论

4.1.1　双树复小波

由于离散正交小波变换（discrete wavelet transform，DWT）不具备平移不变性[109-111]，采用 DWT 对振动信号降噪会在波形上出现伪 Gibbs 现象，在奇异点或不连续点位置，降噪信号会呈现较大的振荡，不利于装备的状态监测和故障分析。双树复小波（dual-tree complex wavelet transform，DTCWT）具备近似平移不变性等诸多优良特性[112,113]，理论分析和实践应用均表明，DTCWT 的降噪能力更强。因此，本章使用 DTCWT 将滚动轴承振动信号变换到小波域，为便于表述，本章的小波变换均指双树复小波变换。

假设滚动轴承振动信号 $s(k)$ $(k=1, 2, \cdots, m)$ 的噪声为加性高斯白噪声，对 $s(k)$ 进行双树复小波变换，由 DTCWT 的线性性质可知，在小波域存在下列关系：

$$y = x + n \qquad\qquad (4-1)$$

DTCWT 对振动信号进行变换后，系数为复数。上式中，$y = y_r + iy_i$ 指含噪采样信号 $s(k)$ 的双树复小波系数，$x = x_r + ix_i$ 表示无噪信号的双树复小波系数，$n = n_r + in_i$ 表示噪声复小波系数。小波系数 y 中同时含有故障信息和噪声信息，一定程度上可将二者看做叠加。在不同的小波系数中，故障信息的小波系数和噪声信息的小波系数相对大小不同，这一点与量子理论中的量子比特的叠加态有相通之处。因此，可采用量子比特的叠加态对 DTCWT 的小波系数进行分析。

4.1.2　MAP 估计器

贝叶斯估计理论在小波降噪中应用广泛，采用贝叶斯估计可以实现小波系数的收缩，进而降低信号的噪声。在以贝叶斯估计为基础的诸多方法中，最大后验估计（maximum a posterior，MAP）在小波系数收缩函数推导中得到持续关注。采用贝叶斯的 MAP 估计，可以实现含噪信号中无噪信号的小波系数计算，进而用估算的小波系数逆变换出真实信号，完成信号的降噪。

4.2　振动信号的小波系数量子化

小波阈值降噪是小波降噪方法当中的一种重要方法，结合小波阈值降噪方法的原理可知[114-116]，小波阈值降噪的思路为通过设置阈值，对绝对值低于阈值的小波系数进行降低处理，有的算法甚至直接将绝对值低于阈值的小波系数归零。从本质上看，其思路认为小波系数绝对值大的位置，对应故障信息的可能性大；小波系数绝对值小的振动位置，对应故障信息的可能性小。

第 2 章和第 3 章中，振动信号的时域量子化基于的假设为：振动绝对值大的振动位置，对应故障信息的可能性大；振动绝对值小的振动位置，对应故障信息的可能性小。这一点与小波阈值降噪的思路一致，结合小波阈值降噪的思想，本章对振动信号小波系数进行量子化的方法，直接参考振动信号的时域量子化方式。

由于双树复小波系数为复数，每一个系数包含虚部和实部，对虚部和实部分开处理。采用式（4-2）、式（4-3）对振动信号小波系数的实部和虚部进行归一化：

$$z(k) = \mathrm{abs}\left(\frac{y_r}{\max(\mathrm{abs}(y_r))}\right) \in [0,1] \qquad (4-2)$$

$$z(k) = \mathrm{abs}\left(\frac{y_i}{\max(\mathrm{abs}(y_i))}\right) \in [0,1] \qquad (4-3)$$

同样采用基态 $|0>$ 表示故障信息，采用基态 $|1>$ 表示噪声信息，对 DTCWT 系数进行量子化。

1. 线性量子比特

将 DTCWT 小波系数的线性量子比特数学表达如下：

$$|z_1(k)> = \sqrt{z(k)}\,|0> + \sqrt{1-z(k)}\,|1> \qquad (4-4)$$

2. 非线性量子比特

将 DTCWT 小波系数的非线性量子比特数学表达如下：

$$|z_2(k)> = \sin(z(k)\times\pi/2)\,|0> + \cos(z(k)\times\pi/2)\,|1>$$

$$(4-5)$$

4.3 基于自适应一维 Laplace 分布模型的小波系数收缩函数

4.3.1 统计模型的建立

1. 概率密度函数

通过收缩去处理小波系数实现降噪的方法中，多数假设小波系数的概率分布服从一维高斯模型，但小波变换具有的压缩特性使得小波系数的数理分布具有"高峰值"的特点，与高斯概率模型不一致，因此假设小波系数符合一维高斯分布模型得出的相关结论具有局限性[100]。一维 Laplace 模型的分布曲线存在"高峰值"的特点，文献［117，118］假设信号的小波系数满足标准的一维 Laplace 统计模型，提出了新的降噪方法并取得良好效果。然而，现场采集的滚动轴承振动信号中，小波系数的概率分布很难严格符合一维 Laplace 模型，直接应用 Laplace 模型对小波系数建模存在缺陷。上述研究均采用标准的一维 Laplace 概率模型，而实际采样的振动信号难以严格符合这项前提假设。针对小波系数的"高峰值"现象，本书提出一种带可调参数 T 的一维 Laplace 概率密度函数，并考虑了小波系数均值的影响，从理论分析和工程应用上提高模型的通用性。

DTCWT 采用了二叉树结构，其中一树生成小波系数的实部，另一树生成小波系数的虚部，在此对小波系数的实部和虚部分别进行建模。对分解尺度 s 下噪声的小波系数建模如下：

$$f(n_r(s)) = \frac{1}{\sqrt{2\pi}\sigma_{n_r}(s)}\exp\left(-\frac{n_r(s)^2}{2\sigma_{n_r}(s)^2}\right) \qquad (4-6)$$

$$f(n_i(s)) = \frac{1}{\sqrt{2\pi}\sigma_{n_i}(s)}\exp\left(-\frac{n_i(s)^2}{2\sigma_{n_i}(s)^2}\right) \tag{4-7}$$

标准的一维 Laplace 分布模型为:

$$f(x_r(s)) = \frac{1}{\sqrt{2}\sigma_r(s)}\exp\left(-\frac{\sqrt{2}\,|x_r(s) - u_r(s)|}{\sigma_r(s)}\right) \tag{4-8}$$

$$f(x_i(s)) = \frac{1}{\sqrt{2}\sigma_i(s)}\exp\left(-\frac{\sqrt{2}\,|x_i(s) - u_i(s)|}{\sigma_i(s)}\right) \tag{4-9}$$

假设无噪信号经过 DTCWT 变换后, 小波系数的实部分布符合概率密度函数 $f(x_r(s))$, 无噪信号小波系数的虚部分布符合概率密度函数 $f(x_i(s))$, 本书在标准的一维 Laplace 分布模型的基础上, 进一步提出一种带可调参数 T 的一维 Laplace 概率密度函数, 二者的数学表达式为:

$$f(x_r(s)) = \frac{1}{\sqrt{2}\sigma_r(s)}\exp\left(-\frac{\sqrt{2}\,|x_r(s) - u_r(s)|}{\sigma_r(s)} \times e^{T_r(s)}\right) \tag{4-10}$$

$$f(x_i(s)) = \frac{1}{\sqrt{2}\sigma_i(s)}\exp\left(-\frac{\sqrt{2}\,|x_i(s) - u_i(s)|}{\sigma_i(s)} \times e^{T_i(s)}\right) \tag{4-11}$$

上式中, 分解尺度 s 下, 实部和虚部系数 $x_r(s)$ 和 $x_i(s)$ 的取值范围为 $-\infty < x_r(s) < \infty$, $-\infty < x_i(s) < \infty$; $u_r(s)$, $u_i(s)$ 分别表示 $x_r(s)$, $x_i(s)$ 的平均值; $\sigma_r(s)$, $\sigma_i(s)$ 分别表示 $x_r(s)$, $x_i(s)$ 的标准差。$T_r(s)$, $T_i(s)$ 为概率密度函数 $f(x_r(s))$、$f(x_i(s))$ 的可调参数。当 $T_r(s) = 0$, $T_i(s) = 0$ 时, 分解尺度 s 下的系数分布式 (4-10)、式 (4-11) 变为标准的一维 Laplace 分布函数。

当 $u = 0$, $\sigma = 1$, $T = 3$ 时, 带可调参数 T 的一维 Laplace 概率密度函数如图 4-1 所示。与传统的高斯分布相比, 该模型的峰值明显, 呈现出典型的 "高峰值" 特点, 比传统高斯分布更具优势。

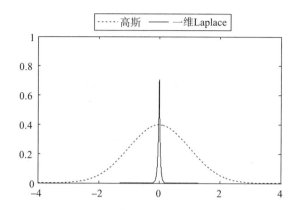

图 4 – 1　自适应一维 Laplace 分布模型

Fig. 4 – 1　Adaptive one-dimensional Laplace model

2. 可调参数 T 的确定

观察式（4 – 10）、式（4 – 11）可知，$T_r(s)$、$T_i(s)$ 会影响概率密度函数的波形，取值关系到概率密度函数拟合实际分布的精度，是两个概率分布函数中的关键参量。利用各个小波分解尺度下 DTCWT 系数分布函数的最小均方差计算 $T_r(s)$、$T_i(s)$ 的取值。

$$T_r(s) = \arg\min_{T_i(s)}(E((f(x_{or}(s)) - f(x_r(s)))^2) \qquad (4 - 12)$$

$$T_i(s) = \arg\min_{T_i(s)}(E((f(x_{oi}(s)) - f(x_i(s)))^2) \qquad (4 - 13)$$

上式中，$f(x_{or}(s))$，$f(x_{oi}(s))$ 指小波系数分布的实际直方图分布。$f(x_r(s))$，$f(x_i(s))$ 为根据实际直方图分布按照式（4 – 10）和式（4 – 11）对直方图进行曲线拟合得到的分布函数。

采用曲线拟合时，根据 s 尺度下，DTCWT 实部直方图的最大值 $P_r(s)$ 和虚部系数直方图的最大值 $P_i(s)$，计算 σ_r，σ_i 的取值。

$$\sigma_r(s) = (\sqrt{2}P_r(s))^{-1} \qquad (4 - 14)$$

$$\sigma_i(s) = (\sqrt{2}P_i(s))^{-1} \qquad (4 - 15)$$

采用循环计算确定 $T_r(s)$ 和 $T_i(s)$ 的取值，即采用式（4 – 14）和式（4 – 15）确定的每一个分解层次的 $\sigma_r(s)$，$\sigma_i(s)$，再采用式（4 – 10）、式（4 – 11）对每一个分解层次的分布曲线进行拟合，在拟合过程中，$T_r(s)$ 和 $T_i(s)$ 采用循环计算，每一次增加一个步长。最终根据式（4 – 12）、式（4 – 13）确定 $T_r(s)$ 和 $T_i(s)$ 的取值。

当 $T_r(s)$ 和 $T_i(s)$ 的循环步长取 0.1 时，概率分布曲线的拟合精度不够；当 $T_r(s)$ 和 $T_i(s)$ 的步长取 0.001 时，提高了概率分布曲线的拟合精度，但循环次数增加了 100 倍，显著增加了运算时间。经过反复对比，$T_r(s)$ 和 $T_i(s)$ 的循环步长取 0.001 时的曲线拟合精度与 $T_r(s)$ 和 $T_i(s)$ 的循环步长取 0.01 时的曲线拟合精度相近，循环次数却只提高了 10 倍，综合考虑运算负担和分布曲线的拟合精度，确定 $T_r(s)$ 和 $T_i(s)$ 的循环步长取 0.01。

4.3.2 系数收缩函数

利用小波系数对信号降噪，可以通过从含噪信号 $s(k)$ 的小波系数中估计出无噪信号小波系数的方法来实现。结合本书的内容，即根据 DTCWT 的小波系数 y，利用贝叶斯理论中的 MAP 估计器，求出无噪小波系数 x，使得后验概率密度函数 $P_{X|Y}(x\,|\,y)$ 取最大值。以 DTCWT 系数的实部为例，即：

$$\hat{x}_r = \underset{x_r}{\operatorname{argmax}}(p_{X_r|Y_r}(x_r\,|\,y_r)) \qquad (4-16)$$

采用贝叶斯理论变换得

$$p_{X_r|Y_r}(x_r\,|\,y_r) = \frac{p(y_r - x_r)p(x_r)}{p(y_r)} \qquad (4-17)$$

根据无噪信号的 DTCWT 系数模型（式（4 – 10））和噪声信号的 DTCWT 系数模型（式（4 – 6）），式（4 – 7）进一步变化为：

$$\hat{x}_r = \underset{x_r}{\operatorname{argmax}}(p(y_r - x_r)p(x_r))$$

$$= \underset{x_r}{\operatorname{argmax}}(\ln p(y_r - x_r) + \ln p(x_r))$$

$$= \underset{x_r}{\operatorname{argmax}} \left(-\frac{(y_r - x_r)^2}{2\sigma n_r} - \frac{\sqrt{2}|x_r - u_r|}{\sigma_r} e^{T_r} \right)$$

$$(4-18)$$

分解尺度 s 下，对 $x_r(s)$ 求一阶导数，并令其等于 0，经过数学推导，实部系数 x_r 的估计值为：

$$\hat{x}_r(s) = \begin{cases} \max\{y_r(s) + \dfrac{\sqrt{2}\sigma_{n_r}^2(s)}{\sigma_r}\exp(T_r(s)),0\}, x_r(s) < u_r(s) \\[4mm] \max\{y_r(s) - \dfrac{\sqrt{2}\sigma_{n_r}^2(s)}{\sigma_r}\exp(T_r(s)),0\}, x_r(s) \geqslant u_r(s) \end{cases}$$

$$(4-19)$$

对期望 $u_r(s)$ 进行计算，存在如下关系：

$$u(y_r(s)) = u(x_r(s) + n_r(s)) = u(x_r(s)) + u(n_r(s)) \quad (4-20)$$

当

$$u(n_r(s)) = 0 \qquad\qquad (4-21)$$

则

$$u(x_r(s)) = u(y_r(s)) = u_r(s) \qquad (4-22)$$

如果系数实部 $x_r(s)$ 和 $y_r(s)$ 正负相同，当 $u_r(s) = 0$ 时，式（4-19）可以进一步简化为：

$$\hat{x}_r(s) = \max\{|y_r(s)| - \frac{\sqrt{2}\sigma_{n_r}^2(s)}{\sigma_r(s)}\exp(T_r(s)),0\}\operatorname{sgn}(y_r(s))$$

$$(4-23)$$

上式中，sgn( ) 为符号函数，当 $y_r(s)$ 为正，$\operatorname{sgn}(y_r(s)) = 1$；当 $y_r(s)$ 为负，$\operatorname{sgn}(y_r(s)) = -1$。若将 $\dfrac{\sqrt{2}\sigma_{n_r}^2(s)}{\sigma_r(s)}\exp(T_r(s))$ 看成阈值，则式（4-23）采用的是类似于软阈值的小波系数处理方式，小波系数绝对值低于阈值时取 0，小波系数绝对值高于阈值时则降低

$\dfrac{\sqrt{2}\sigma_{n_r}^2(s)}{\sigma_r(s)}\exp(T_r(s))$。尽管式（4 – 23）的形式与软阈值处理有相似之处，但计算得出的数值与经典的软阈值处理方法相比，二者存在较大差异。

当小波系数概率分布函数的可调参数取值 $T_r(s)=0$，且均值 $u_r(s)=0$ 时，式子将退化为标准一维 Laplace 模型下的小波系数估计：

$$\hat{x}_r(s) = \max\left\{|y_r(s)| - \frac{\sqrt{2}\sigma_{n_r}^2(s)}{\sigma_r(s)}, 0\right\}\text{sgn}(y_r(s)) \qquad (4-24)$$

同理，虚部无噪信号的小波系数 $x_i(s)$ 的估计值为：

$$\hat{x}_i(s) = \begin{cases} \max\left\{y_i(s) + \dfrac{\sqrt{2}\sigma_{n_i}^2(s)}{\sigma_i(s)}\exp(T_i(s)), 0\right\}, x_i(s) < u_i(s) \\[4mm] \max\left\{y_i(s) - \dfrac{\sqrt{2}\sigma_{n_i}^2(s)}{\sigma_i(s)}\exp(T_i(s)), 0\right\}, x_i(s) \geqslant u_i(s) \end{cases}$$

$$(4-25)$$

并可进一步简化为：

$$\hat{x}_i(s) = \max\left\{|y_i(s)| - \frac{\sqrt{2}\sigma_{n_i}^2(s)}{\sigma_i(s)}\exp(T_i(s)), 0\right\}\text{sgn}(y_i(s))$$

$$(4-26)$$

4.4　基于自适应二维高斯分布模型的小波系数收缩函数

4.4.1　统计模型的建立

1. 二维概率密度函数

振动信号的小波系数除了具有"高峰值"的特点，还具有"长拖尾"的特点，上一节的自适应 Laplace 模型没有考虑到这一特点。另外，当前的 DTCWT 系数收缩方法中，多数研究均假设采样信号分解后，

DTCWT 系数的实部和虚部在分布关系上相互独立，上一节的自适应 Laplace 模型同样没有考虑到信号虚部和实部之间的关系。若采用二维广义高斯模型或二维拉普拉斯模型[101]，虽然能够在数理模型中建立虚部和实部的联系，但这两个模型的参数估算方法复杂，实际计算中难以完成。综上，针对小波系数的"长拖尾"现象，对滚动轴承振动信号的 DTCWT 小波系数的虚部、实部分布进行综合分析，建立更加符合实际运用的概率密度曲线，将有助于从含噪系数中更加准确的估算出无噪系数，进而降低振动信号中的噪声。考虑到虚部、实部的联系和"长拖尾"现象，本书基于二维正态分布模型构建了一种带可调参数 T 的联合概率密度函数，将其用于表示无噪信号的 DTCWT 小波系数的概率密度分布，分解尺度 s 下数理模型表达式为：

$$f(x_r(s), x_i(s)) = \frac{1}{2\pi\sigma_r(s)\sigma_i(s)\sqrt{1-\rho^2(s)}} \times$$

$$\exp\left(\frac{-1}{2(1-\rho^2(s))}\left(\frac{(x_r(s)-u_r(s))^2}{\sigma_r^2(s)} - 2\rho\frac{(x_r(s)-u_r(s))(x_i(s)-u_i(s))}{\sigma_r(s)\sigma_i(s)} + \frac{(x_i(s)-u_i(s))^2}{\sigma_i^2(s)}\right) \times e^{T(s)}\right)$$

$$(4-27)$$

上式中，分解尺度 s 下，虚部、实部的分布范围为 $-\infty < x_r(s) < \infty$，$-\infty < x_i(s) < \infty$，$u_r(s)$、$u_i(s)$ 分别表示实部系数 $x_r(s)$ 和虚部系数 $x_i(s)$ 的均值，$\sigma_r(s)$、$\sigma_i(s)$ 分别表示实部系数 $x_r(s)$ 和虚部系数 $x_i(s)$ 的标准差，$\rho(s)$ 表示实部系数 $x_r(s)$ 和虚部系数 $x_i(s)$ 的相关系数。$T(s)$ 为可调参数，当取值为 $T(s)=0$ 时，式（4-27）成为二维正态分布模型。

2. 边缘概率密度函数

式（4-27）为联合概率密度分布形式，推导该联合分布的边缘概率密度函数，便可分别获得 DTCWT 系数的实部和虚部分布函数，用于实部和虚部的参数估算。

DTCWT 系数实部 x_r 的边缘概率密度函数的计算方法如下：

$$f_{X_r}(x_r) = \int_{-\infty}^{\infty} f(x_r, x_i)\,\mathrm{d}x_i \qquad (4-28)$$

由于

$$-2\rho \frac{(x_r - u_r)(x_i - u_i)}{\sigma_r \sigma_i} + \frac{(x_i - u_i)^2}{\sigma_i^2} = \left(\frac{x_i - u_i}{\sigma_i} - \rho \frac{x_r - u_r}{\sigma_r}\right)^2 - \rho^2 \frac{(x_r - u_r)^2}{\sigma_r^2} \qquad (4-29)$$

可得

$$f_{X_r}(x_r) = \frac{1}{2\pi\sigma_r\sigma_i \sqrt{1-\rho^2}} \exp\left(-\frac{(x_r - u_r)^2}{2\sigma_r^2} \times e^T\right) \times$$

$$\int_{-\infty}^{\infty} \exp\left(\frac{-1}{2(1-\rho^2)}\left(\frac{x_i - u_i}{\sigma_i} - \rho \frac{x_r - u_r}{\sigma_r}\right)^2\right)\mathrm{d}x_i \quad (4-30)$$

令

$$t = \frac{1}{\sqrt{1-\rho^2}}\left(\frac{x_i - u_i}{\sigma_i} - \rho \frac{x_r - u_r}{\sigma_r}\right) \qquad (4-31)$$

得出

$$f_{X_r}(x_r) = \frac{1}{2\pi\sigma_r} \exp\left(-\frac{(x_r - u_r)^2}{2\sigma_r^2} \times e^k\right) \times \int_{-\infty}^{\infty} \exp\left(-\frac{t^2}{2}\right)\mathrm{d}t \quad (4-32)$$

因此有，分解尺度 s 下

$$f_{X,(s)}(x_r(s)) = \frac{1}{\sqrt{2\pi}\sigma_r(s)} \exp\left(\frac{(x_r(s) - u_r(s))^2}{2\sigma_r^2(s)} \times e^{T(s)}\right) \qquad (4-33)$$

当 $u = 0$，$\sigma = 1$，$T = 3$ 时，带可调参数 T 的二维高斯概率密度函数的边缘概率密度如图 4-2 所示。与传统的高斯分布相比，该模型的拖尾明显，呈现出典型的"长拖尾"特点，比传统高斯分布更具优势。

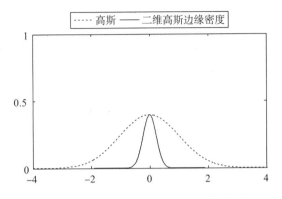

图 4 - 2　　自适应二维高斯分布模型

Fig. 4 - 2　Adaptive two-dimensional Gaussian model

同理可得，DTCWT 系数在分解尺度 s 下，虚部 $x_i(s)$ 的边缘概率密度分布如下：

$$f_{X_i(s)}(x_i(s)) = \frac{1}{\sqrt{2\pi}\sigma_i(s)}\exp\left(\frac{(x_i(s) - u_i(s))^2}{2\sigma_i^2(s)} \times e^{T(s)}\right)$$

$$(4 - 34)$$

3. 可调参数 T 的确定

式（4 - 33）、式（4 - 34）中，$T(s)$ 为小波系数的概率密度函数在分解尺度 s 下的可变参数，$T(s)$ 的大小会影响概率密度曲线的形状和函数与实际分布的匹配程度。由于 $T(s)$ 同时出现在 DTCWT 小波系数的联合概率分布函数和两个边缘概率分布函数中，各个分解尺度中的 $T(s)$ 由该尺度中的三个概率密度函数的最小均方差共同计算得出。

$$T_1(s) = E\left(f(x_{or}(s), x_{oi}(s)) - f(x_r(s), x_i(s))\right)^2 \quad (4 - 35)$$

$$T_2(s) = E\left(f_{X_{or}(s)}(x_{or}(s)) - f_{X_r(s)}(x_r(s))\right)^2 \quad (4 - 36)$$

$$T_3(s) = E\left(f_{X_{oi}(s)}(x_{oi}(s)) - f_{X_i(s)}(x_i(s))\right)^2 \quad (4 - 37)$$

$$T(s) = \arg\min_{T(s)}(T_1(s) + T_2(s) + T_3(s)) \quad (4 - 38)$$

式中，$f(x_{or}(s), x_{oi}(s))$，$f_{X_{or}(s)}(x_{or}(s))$，$f_{X_{oi}(s)}(x_{oi}(s))$ 为分解尺度 s 下，小波系数的实际分布；$f(x_r(s), x_i(s))$，$f_{X_r(s)}(x_r(s))$，$f_{X_i(s)}(x_i(s))$ 为 DTCWT 分解后，对小波系数使用式（4 - 27）、式（4 - 33）和式（4 - 34）进行拟合得到的函数曲线。

进行曲线拟合过程中，采用双树复小波边缘概率直方图中的最大值 $P_r(s)$ 和 $P_i(s)$ 计算标准差 $\sigma_r(s), \sigma_i(s)$。

$$\sigma_r(s) = (\sqrt{2\pi}P_r(s))^{-1} \tag{4-39}$$

$$\sigma_i(s) = (\sqrt{2\pi}P_i(s))^{-1} \tag{4-40}$$

此处注意与式（4 - 14）和式（4 - 15）区别，式（4 - 14）和式（4 - 15）基于 Laplace 模型进行估计，相较式（4 - 39）和式（4 - 40）而言，前者没有常量 π。

采用循环计算确定 $T(s)$ 的取值，即采用式（4 - 39）和式（4 - 40）确定的每一个分解层次的 $\sigma_r(s)$，$\sigma_i(s)$，再采用式（4 - 27）、式（4 - 33）和式（4 - 34）对每一个分解层次的分布曲线进行拟合，在拟合过程中，$T(s)$ 采用循环计算，每一次增加一个步长。最终根据式（4 - 35）~式（4 - 38）确定 $T(s)$ 的取值。

易知，$T(s)$ 的循环步长越小，概率密度曲线拟合的精度越高，但拟合时的循环次数将快速增加，$T(s)$ 的循环步长取 0.001 时的循环次数是 $T(s)$ 的循环步长取 0.1 时循环次数的 100 倍。在实验中发现，$T(s)$ 的循环步长取 0.01 时，计算速度较快，拟合精度与 $T(s)$ 取 0.001 接近，综合考虑运算速度和拟合精度，确定 $T(s)$ 的循环步长取 0.01。

4.4.2　系数收缩函数

结合本书的目标，使用 MAP 估计器，根据式（4 - 1）中的采样信号的 DTCWT 系数 y，通过推导后验概率密度函数 $P_{X|Y}(x|y)$ 的最大值，计算出无噪小波系数 x。对 DTCWT 系数的实部的边缘概率密度函数进行

推导，即：

$$\hat{x}_r = \underset{x_r}{\mathrm{argmax}}(p_{X_r \mid Y_r}(x_r \mid y_r)) \tag{4-41}$$

代入贝叶斯理论计算：

$$p_{Xr \mid Yr}(x_r \mid y_r) = \frac{p_{Yr \mid Xr}(y_r \mid x_r) p_{Xr}(x_r)}{p_{Yr}(y_r)} \tag{4-42}$$

假设噪声信号的小波系数服从均值为 0，标准差为 σ_n，相关系数 $\rho_{n=0}$ 的高斯分布。根据式（4-30）和噪声的概率分布，上式（4-42）可进一步变化为：

$$\begin{aligned} \hat{x}_r &= \underset{x_r}{\mathrm{argmax}}(p_{Y_r \mid X_r}(y_r \mid x_r) p_{X_r}(x_r)) \\ &= \underset{x_r}{\mathrm{argmax}}(p_{N_r}(y_r - x_r) p_{X_r}(x_r)) \\ &= \underset{x_r}{\mathrm{argmax}}(\ln p_{N_r}(y_r - x_r) + \ln p_{X_r}(x_r)) \\ &= \underset{x_r}{\mathrm{argmax}}\left(-\frac{(y_r - x_r)^2}{2\sigma_{n_r}^2} + f(x_r)\right) \end{aligned} \tag{4-43}$$

式中，$f(x_r) = \ln p_{X_r}(x_r)$。对式（4-43）关于 x_r 求导，并令其值等于 0，可得如下关系：

$$\frac{(y_r - x_r)}{\sigma_{n_r}^2} + f'(x_r) = 0 \tag{4-44}$$

代入分解尺度 s 下，无噪信号实部 $x_r(s)$ 的边缘概率密度函数，对上式进行计算，得出 $x_r(s)$ 的估计值计算式为：

$$\hat{x}_r(s) = \frac{\sigma_r^2(s)}{\sigma_r^2(s) + \sigma_{n_r}^2(s)\mathrm{e}^{T(s)}} y_r(s) + \frac{\sigma_{n_r}^2(s) u_r(s) \mathrm{e}^{T(s)}}{\sigma_r^2(s) + \sigma_{n_r}^2(s)\mathrm{e}^{T(s)}} \tag{4-45}$$

当可调参数取值 $T(s) = 0$，且均值为 $u_r(s) = 0$ 时，则上式成为使平均估计误差取最小值的理想滤波器，即：

$$\hat{x}_r = \frac{\sigma_r^2}{\sigma_r^2 + \sigma_{n_r}^2} y_r \tag{4-46}$$

同理，$x_i(s)$ 的估计值计算式为：

$$\hat{x}_i(s) = \frac{\sigma_i^2(s)}{\sigma_i^2(s) + \sigma_{n_i}^2(s)\mathrm{e}^{T(s)}} y_i(s) + \frac{\sigma_{n_i}^2(s) u_i(s) \mathrm{e}^{T(s)}}{\sigma_i^2(s) + \sigma_{n_i}^2(s)\mathrm{e}^{T(s)}} \tag{4-47}$$

当可调参数取值 $T(s) = 0$，且均值为 $u_i(s) = 0$ 时，则上式成为使平均估计误差取最小值的理想滤波器，即：

$$\hat{x}_i = \frac{\sigma_i^2}{\sigma_i^2 + \sigma_{n_i}^2} y_i \qquad (4-48)$$

对分解尺度 s 下，第 j 个小波系数的期望 u 进行估算的方法为：

$$u(y(s,j)) = u(x(s,j) + n(s,j)) = u(x(s,j)) + u(n(s,j))$$
$$\qquad (4-49)$$

由于

$$u(n(s,j)) = 0 \qquad (4-50)$$

$$u(y(s,j)) = u(y_r(s,j)) + iu(y_i(s,j)) \qquad (4-51)$$

$$u(x(s,j)) = u(x_r(s,j)) + iu(x_i(s,j)) \qquad (4-52)$$

所以

$$u(y_r(s,j)) = u(x_r(s,j)) \qquad (4-53)$$

$$u(y_i(s,j)) = u(x_i(s,j)) \qquad (4-54)$$

4.5 基于混合高斯分布模型的小波系数收缩函数

4.5.1 统计模型的建立

混合高斯模型[119-123]（Gaussian mixture model，GMM）在描述小波域的统计特性上具有较强的灵活性，该模型已经被广泛地应用于准确刻画小波系数的概率密度函数[124]。研究表明，采用 GMM 获得的小波系数收缩函数比采用一维高斯分布或一维 Laplace 分布获得的小波系数收缩函数具备更好的降噪效果。文献［125］将 GMM 用于建立图像的小波系数，文献［126］将不同子带下的小波系数用于建立 GMM。本书在研究中发现，GMM 在分布曲线上，能够同时呈现"高峰值"和"长拖尾"

两个特点，更加符合振动信号小波系数的分布规律。然而，GMM 主要用于二维图像，在一维机械振动信号中的应用较少。因此，在一维信号处理领域研究 GMM 具有一定的推广意义。

1. 基于一维高斯分布的系数收缩方法

为了便于推导混合高斯模型（Gaussian mixture model，GMM）的小波系数收缩函数，本部分首先对基于一维高斯分布的小波系数函数进行讨论。以实部 DTCWT 系数为例，x_r 标准的 MAP 估计为：

$$\hat{x}_r = \underset{x_r}{\mathrm{argmax}}\, p_{X_r\mid Y_r}(x_r \mid y_r) \tag{4-55}$$

假设无噪声信号的 DTCWT 系数的实部 x_r 的分布 $f(x_r)$ 是标准差为 σ_r 的高斯分布：

$$f(x_r) = \mathrm{Gaussian}(x_r, \sigma_r) = \frac{1}{\sqrt{2\pi}\sigma_r}\exp\left(-\frac{x_r^2}{2\sigma_r^2}\right) \tag{4-56}$$

假设噪声的 DTCWT 系数的实部 n_r 的分布 $f(n_r)$ 是标准差为 σ_{n_r} 的高斯分布：

$$f(n_r) = \mathrm{Gaussian}(n_r, \sigma_{n_r}) = \frac{1}{\sqrt{2\pi}\sigma_{n_r}}\exp\left(-\frac{n_r^2}{2\sigma_{n_r}^2}\right) \tag{4-57}$$

采用贝叶斯理论，能够推导出如下的实部系数收缩函数：

$$\hat{x}_r = \frac{\sigma_r^2}{\sigma_r^2 + \sigma_{n_r}^2}y_r \tag{4-58}$$

同理，虚部系数收缩函数为：

$$\hat{x}_i = \frac{\sigma_i^2}{\sigma_i^2 + \sigma_{n_i}^2}y_i \tag{4-59}$$

2. 基于混合高斯分布的系数分布

基于前一部分采用高斯分布推导出的小波系数收缩函数，接下来重点推导 GMM 分布模型下的小波系数。GMM 为 2 个高斯分布的线性组合[105]，数学表达式为：

$$f(x) = a\text{Gaussian}(x, \sigma_1) + (1 - a)\text{Gaussian}(x, \sigma_2)$$

$$= a \frac{1}{\sigma_1 \sqrt{2\pi}} \exp\left(-\frac{x^2}{2\sigma_1^2}\right) + (1 - a) \frac{1}{\sigma_2 \sqrt{2\pi}} \exp\left(-\frac{x^2}{2\sigma_2^2}\right)$$

$$(4-60)$$

由于 GMM 比高斯概率密度函数 Gaussian(x, σ_1) 和 Gaussian(x, σ_2) 有更多的参数，它在描述数据的分布方面具有更大的灵活性。受式 （4-60） 的启发，将小波系数的虚部系数和实部系数同一层次进行混合，将同一分解层次 s 的无噪声信号实部系数 $x_r(s)$ 和虚部 $x_i(s)$ 系数按照一一间隔的方式排列得到 $x_c(s) = x_r(1, s)$, $x_i(1, s)$, $x_r(2, s)$, $x_i(2, s)$, $\cdots$, $x_r(j, s)$, $x_i(j, s)$, $\cdots$, $x_r(N_s, s)$, $x_i(N_s, s)$ （其中 $k = 1, \cdots, j, \cdots, N_s$ 且 N_s 代表 DTCWT 系数在第 s 层的系数个数），同理含噪声信号实部系数和虚部系数按照一一间隔的方式排列得到 $y_c(s) = y_r(1, s)$, $y_i(1, s)$, $y_r(2, s)$, $y_i(2, s)$, $\cdots$, $y_r(j, s)$, $y_i(j, s)$, $\cdots$, $y_r(N_s, s)$, $y_i(N_s, s)$。本书的无噪声信号 DTCWT 系数的 GMM 模型描述如下：

$$f(x_c) = af_1(x_c) + (1 - a)f_2(x_c)$$

$$= a\text{Gaussian}(x_c, \sigma_1) + (1 - a)\text{Gaussian}(x_c, \sigma_2)$$

$$= a \frac{1}{\sqrt{2\pi}\sigma_1} \exp\left(-\frac{x_c^2}{2\sigma_1^2(k)}\right) + (1 - a) \frac{1}{\sqrt{2\pi}\sigma_i} \exp\left(-\frac{x_c^2}{2\sigma_2^2}\right)$$

$$(4-61)$$

取 $a = 0.2$, $\sigma_1 = 1$, $\sigma_2 = 0.6$ 绘制的 GMM 曲线图如图 4-3 所示，与传统的高斯相比，该分布同时呈现"高峰值"和"长拖尾"两个特点，融合了带可调参数 T 的一维 Laplace 概率密度函数和带可调参数 T 的二维高斯概率密度函数的优点。

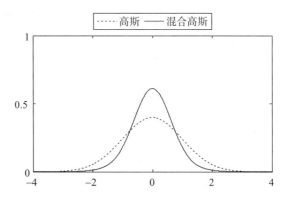

图 4 – 3　混合高斯分布模型

Fig. 4 – 3　Gaussian mixture model

4.5.2　系数收缩函数

假设是 $f_1(\hat{x}_c)$ 是实部采用 MAP 估计器对 $f_1(x_c)$ 进行的估计，$f_2(\hat{x}_c)$ 是虚部采用 MAP 估计器对 $f_2(x_c)$ 进行的估计。很自然想到 x_c 是 $f_1(\hat{x}_c)$ 和 $f_2(\hat{x}_c)$ 的组合，事实上，二者符合如下关系[126]：

$$\hat{x}_c = p_a(y_c)f_1(\hat{x}_c) + p_{1-a}(y_c)f_2(\hat{x}_c) \qquad (4-62)$$

系数收缩函数式（4 – 58）、式（4 – 59）可用于计算 $f_1(\hat{x}_c)$ 和 $f_2(\hat{x}_c)$。此时，式（4 – 62）进一步表达为：

$$\hat{x}_c = p_a(y_c)\frac{\sigma_1^2}{\sigma_1^2 + \sigma_n^2}y_c + p_{1-a}(y_c)\frac{\sigma_2^2}{\sigma_2^2 + \sigma_n^2}y_c \qquad (4-63)$$

为了计算 $p_a(y_c)$ 和 $p_{1-a}(y_c)$，以下两个公式会被用到：

$$p_a(y_c) = \frac{ag_1(y_c)}{ag_1(y_c) + (1-a)g_2(y_c)} \qquad (4-64)$$

$$p_{1-a}(y_c) = \frac{(1-a)g_2(y_c)}{ag_1(y_c) + (1-a)g_2(y_c)} \qquad (4-65)$$

式（4 – 63）可以表示为：

$$\hat{x}_c = \frac{ag_1(y_c)}{ag_1(y_c) + (1-a)g_2(y_c)} \times \frac{\sigma_1^2}{\sigma_1^2 + \sigma_n^2}y_c +$$

$$\frac{(1-a)g_2(y_c)}{ag_1(y_c) + (1-a)g_2(y_c)} \times \frac{\sigma_2^2}{\sigma_2^2 + \sigma_n^2}y_c \qquad (4-66)$$

其中，$g_1(y_c)$ 和 $g_2(y_c)$ 可以被表达为卷积（ $*$ 表示卷积）：

$$g_1(y_c) = \text{Gaussian}(y_c, \sigma_1) * \text{Gaussian}(y_c, \sigma_n)$$

$$= \text{Gaussian}(y_c, \sqrt{\sigma_1^2 + \sigma_n^2}) \qquad (4-67)$$

$$g_2(y_c) = \text{Gaussian}(y_c, \sigma_2) * \text{Gaussian}(y_c, \sigma_n)$$

$$= \text{Gaussian}(y_c, \sqrt{\sigma_2^2 + \sigma_n^2}) \qquad (4-68)$$

因此，式（4-64）和式（4-65）中的 $p_a(y(k))$ 和 $p_{1-a}(y(k))$ 可以被表达为：

$$p_a(y_c) = \frac{a\text{Gaussian}(y_c, \sqrt{\sigma_1^2 + \sigma_n^2})}{a\text{Gaussian}(y_c, \sqrt{\sigma_1^2 + \sigma_n^2}) + (1-a)\text{Gaussian}(y_c, \sqrt{\sigma_2^2 + \sigma_n^2})}$$

$$(4-69)$$

$$p_a(y_c) = \frac{(1-a)\text{Gaussian}(y_c, \sqrt{\sigma_2^2 + \sigma_n^2})}{a\text{Gaussian}(y_c, \sqrt{\sigma_1^2 + \sigma_n^2}) + (1-a)\text{Gaussian}(y_c, \sqrt{\sigma_2^2 + \sigma_n^2})}$$

$$(4-70)$$

此时，小波系数收缩函数式（4-66）可以表达为：

$$\hat{x}_c = \frac{a\text{Gaussian}(y_c, \sqrt{\sigma_1^2 + \sigma_n^2})\dfrac{\sigma_1^2}{\sigma_1^2 + \sigma_n^2}y_c}{a\text{Gaussian}(y_c, \sqrt{\sigma_1^2 + \sigma_n^2}) + (1-a)\text{Gaussian}(y_c, \sqrt{\sigma_2^2 + \sigma_n^2})} +$$

$$\frac{(1-a)\text{Gaussian}(y_c, \sqrt{\sigma_2^2 + \sigma_n^2}) \times \dfrac{\sigma_2^2}{\sigma_2^2 + \sigma_n^2}y_c}{a\text{Gaussian}(y_c, \sqrt{\sigma_1^2 + \sigma_n^2}) + (1-a)\text{Gaussian}(y_c, \sqrt{\sigma_2^2 + \sigma_n^2})}$$

$$(4-71)$$

最后，将连续函数离散化，得到 $\hat{x}_c(s) = \hat{x}_c(1,s), \hat{x}_c(2,s), \hat{x}_c(3,s),$ $\hat{x}_c(4,s), \cdots, \hat{x}_c(2N_s-1,s), \hat{x}_c(2N_s,s)$ ，实际上为 $\hat{x}_c(s) = \hat{x}_r(1,s), \hat{x}_i(1,$

$s)$，$\hat{x}_r(2,s)$，$\hat{x}_i(2,s)$，$\cdots$，$\hat{x}_r(j,s)$，$\cdots$，$\hat{x}_r(N_s,s)$，$\hat{x}_i(N_s,s)$，$j=1$，$\cdots$，N_s。

4.6　基于量子叠加态的参数估计

研究表明，经过小波变换，不同分解尺度上的故障信号和噪声小波系数有着截然不同的关联性。故障信号变换到小波域后，在相邻的分解尺度之间，小波系数呈现明显的相关性，特别在振动信号的突变位置，相关性尤为明显。相反的，噪声小波系数的取值将随着分解尺度的增加而迅速衰减[127,128]，尺度间的关联性弱。通过子代和父代的小波系数相乘，可以进一步放大这种差异，因此，可借助相邻分解尺度之间的小波系数乘积来处理噪声。

以 DTCWT 的实部系数为例，父 – 子代小波系数模的乘积可写做：

$$C_r(s,j) = |y_r(s,j)| \times |y_r(s+1,\mathrm{round}(j/2))| \qquad (4-72)$$

其中，round 表示四舍五入计算，$y_r(s,j)$ 表示分解尺度 s 中第 j 个小波系数实部；$y_r(s+1,j)$ 表示分解尺度 $s+1$ 中第 j 个小波系数实部，分解尺度 s 和 $s+1$ 为两个相邻分解尺度，称 s 表示相邻分解尺度的父代，$s+1$ 表示相邻分解尺度的子代。尺度间的相乘关系如图 4 –4。

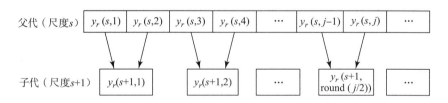

图 4 – 4　尺度间相乘关系

Fig. 4 –4　Interscale relation of multiplying

小波系数 y_r 既包含噪声信息 n_r 也包含故障信息 x_r，是二者信息的混合叠加，这一特点与量子理论中量子比特所表达的叠加态相似。小波系数故障信号存在尺度间的关联性，噪声信号的小波系数的尺度间的关联性弱，且会随着分解层次快速减小。在小波系数量子化中（式（4-4）和式（4-5）），我们得知小波系数大的位置往往包含故障信息，小波系数小的位置往往包含噪声信息。因此，噪声父-子代小波系数相乘，噪声的小波系数模乘积会快速下降，表现为较小的数值，而故障的小波系数模相乘则仍然会表现为较大的数值。将实部小波系数模的乘积表达为量子态：

$$|C_r(s,j)> = a\,|0> + b\,|1> \qquad (4-73)$$

式中，a 和 b 分别表示小波域中，故障信息 $|0>$ 与噪声信息 $|1>$ 的概率幅。将 $C_r(s,j)$ 进行归一化得 $NC_r(s,j) \in [0,1]$：

$$NC_r(s,j) = \frac{C_r(s,j)}{\max(C_r)} \in [0,1] \qquad (4-74)$$

$NC_r(s,j)$ 值越小，表明对应 DTCWT 小波系数的实部具有较小相关性或者较小的能量，该位置含有故障信息的概率越小；反之，$NC_r(s,j)$ 值越大，表明对应 DTCWT 小波系数的实部具有较大相关性或较大的能量，该位置含有故障信息的概率越大。

式（4-74）计算之后，仍然符合小波系数量子化（式（4-4）和式（4-5））的条件。因此，如果采用线性结构的量子概率幅 $a = \sqrt{NC_r(s,j)}, b = \sqrt{1-NC_r(s,j)}$，可得到父-子代实部小波系数模乘积的线性量子比特：

$$|NC_r(s,j)> = \sqrt{NC_r(s,j)}\,|0> + \sqrt{1-NC_r(s,j)}\,|1> \qquad (4-75)$$

线性量子比特式（4-76）中，$NC_r(s,j)$ 表示小波分解尺度 s 中，第 j 个小波系数中出现故障信息的概率，$1-NC_r(s,j)$ 表示尺度 s 中，第 j 个小波系数中出现噪声信息的概率。

如果采用非线性结构的量子概率幅 $a = \sin(NC_r(s,j) \times \pi/2)$，$b = \cos(NC_r(s,j) \times \pi/2)$，可得到父-子代小波系数模乘积的非线性量子比特：

$$|NC_r(s,j)> = \sin(NC_r(s,j) \times \pi/2)|0> + \cos(NC_r(s,j) \times \pi/2)|1>$$

$$(4-76)$$

非线性量子比特式 (4-76) 中, $\sin^2(NC_r(s,j) \times \pi/2)$ 表示尺度 s 中, 第 j 个小波系数中出现故障信息的概率, $\cos^2(NC_r(s,j) \times \pi/2)$ 表示小波分解尺度 s 中, 第 j 个小波系数中出现噪声信息的概率。

在父-子代实部小波系数模乘积的线性和非线性量子比特中, 当 $NC_r(s,j) = 0$, 则量子比特退化为基态 $|1>$, 表示对应的小波系数完全被视作噪声信息; 当 $NC_r(s,j) = 1$, 则量子比特退化为基态 $|0>$, 表示对应的小波系数完全被视作故障信息。在两种量子比特中, 随着 $NC_r(s,j)$ 的增加, 小波系数中携带故障信息的可能性增加, 随着 $NC_r(s,j)$ 的减小, 小波系数中携带故障信息的可能性降低。这一变化规律, 符合小波系数中反应故障的系数存在尺度间的关联性这一特点, 即噪声父-子代小波系数相乘, 噪声的小波系数模乘积会快速下降, 表现为较小的数值, 而故障的小波系数模相乘则仍然会表现为较大的数值。

结合小波父-子带系数模乘积的非线性量子比特叠加态和经典的小波系数估计方法, 本书估算分解尺度 s 中第 j 个小波系数实部 $y_r(s,j)$ 的噪声方差 $\sigma_{n_r}^2(s,j)$ 的方法为:

$$\hat{\sigma}_{n_r}^2(s,j) = (\mathrm{med}(y_r(s,j)/0.6745)^2 \times \exp(\cos^2(NC_r(s,j) \times \pi/2))$$

$$(4-77)$$

式中, med 表示取中值运算。

相应地, 结合量子比特的非线性叠加态, 估算分解尺度 s 中第 j 个小波系数实部 $y_r(s,j)$ 方差 $\sigma_r^2(s,j)$ 的方法为:

$$\hat{\sigma}_r^2(s,j) = \max\left\{\frac{1}{M(s,j)}\sum_{m \in W(s,j)}|y_{r(s,m)}|^2 - \hat{\sigma}_{n_r}^2(s,j), 0\right\} \times$$

$$\exp(\sin^2(NC_r(s,j) \times \pi/2)) \qquad (4-78)$$

式中, $W(s,j)$ 是分解尺度 s 中, 第 j 个小波系数实部 $y_r(s,j)$ 为中心的窗口；$M(s, j)$ 为窗口 $W(s, j)$ 中所包含的 DTCWT 系数的数量，第 s 个分解尺度窗口 $W(s, j)$ 的宽度为：

$$W(s,j) = 2^{s_{max}-s+3} - 1 \qquad (4-79)$$

式中，s_{max} 表示最大的分解尺度。

同理，分解尺度 s 中，第 j 个小波系数虚部 $y_i(s, j)$ 基于非线性量子比特的噪声方差 $\sigma_{n_i}^2(s,j)$ 的估算方法为：

$$\hat{\sigma}_{n_i}^2(s,j) = (\text{med}(y_i(s,j)/0.6745)^2 \times \exp(\cos^2(NC_i(s,j) \times \pi/2))$$
$$(4-80)$$

分解尺度 s 中，第 j 个小波系数虚部 $y_i(s,j)$ 基于非线性量子比特的方差 $\sigma_i^2(s,j)$ 估算方法为：

$$\hat{\sigma}_i^2(s,j) = \max\left\{\frac{1}{M(s,j)}\sum_{m \in W(s,j)}|y_{i(s,m)}|^2 - \hat{\sigma}_{n_i}^2(s,j),0\right\} \times$$
$$\exp(\sin^2(NC_i(s,j) \times \pi/2)) \qquad (4-81)$$

如果采用线性量子比特，式（4-77）、式（4-78）、式（4-80）、式（4-81）则变化为：

$$\hat{\sigma}_{n_r}^2(s,j) = (\text{med}(y_r(s,j)/0.6745)^2 \times \exp(1 - NC_r(s,j)) \qquad (4-82)$$

$$\hat{\sigma}_r^2(s,j) = \max\left\{\frac{1}{M(s,j)}\sum_{m \in W(s,j)}|y_{r(s,m)}|^2 - \hat{\sigma}_{n_r}^2(s,j),0\right\} \times \exp(NC_r(s,j))$$
$$(4-83)$$

$$\hat{\sigma}_{n_i}^2(s,j) = (\text{med}(y_i(s,j)/0.6745)^2 \times \exp(1 - NC_i(s,j)) \qquad (4-84)$$

$$\hat{\sigma}_i^2(s,j) = \max\left\{\frac{1}{M(s,j)}\sum_{m \in W(s,j)}|y_{i(s,m)}|^2 - \hat{\sigma}_{n_i}^2(s,j),0\right\} \times \exp(NC_i(s,j))$$
$$(4-85)$$

本书提出的小波系数估算方法，融入了量子叠加态的思想，充分利用了小波系数尺度间的相关性。将基于非线性结构量子比特的式（4-77）、式（4-78）、式（4-80）、式（4-81）或者将基于线性结构量子比特的式（4-82）~ 式（4-85）代入对应的收缩函数，如果处理的采样点位置故障信号出现的概率大，则小波系数收缩得少，尽量地保留故障信息；

反之，小波系数收缩得多，尽量地去除噪声信息，该方差处理方式有利于实现信号的降噪。

对于混合高斯分布模型，由于很难确定 σ_1，σ_2 和 a 三个参数，因为三个参数本身的关系为 $VAR[y_c(j)] \neq a^2\sigma_1^2 + (1-a)^2\sigma_2^2$。EM 算法（expectation maximization）[129] 是计算三个参数的最常见方法，但它忽略了 DTCWT 系数的尺度间的关联。考虑到三个参数的重要性和子代之间的尺度相关性，对 EM 算法算出来的 σ_1，σ_2 采用与前两个模型类似的参数估计方法。

如果采用非线性量子比特：

$$\hat{\sigma}_1^2(s,j) = \sigma_1^2 \times \exp(\sin^2(NC(s,j) \times \pi/2)) \tag{4-86}$$

$$\hat{\sigma}_2^2(s,j) = \sigma_2^2 \times \exp(\sin^2(NC(s,j) \times \pi/2)) \tag{4-87}$$

$$\hat{\sigma}_n^2(s,j) = (\text{med}(y_c(s,j)/0.6745)^2 \times \exp(\cos^2(NC(s,j) \times \pi/2)) \tag{4-88}$$

如果采用线性量子比特：

$$\hat{\sigma}_1^2(s,j) = \sigma_1^2 \times \exp(NC(s,j)) \tag{4-89}$$

$$\hat{\sigma}_2^2(s,j) = \sigma_2^2 \times \exp(1 - NC(s,j)) \tag{4-90}$$

$$\hat{\sigma}_n^2(s,j) = (\text{med}(y_c(s,j)/0.6745)^2 \times \exp(1 - NC(s,j)) \tag{4-91}$$

其中

$$C(s,j) = |y_c(s,j)| \times |y_c(s+1,\text{round}(j/2))| \tag{4-92}$$

$$NC(s,j) = \frac{C(s,j)}{\max(C)} \in [0,1] \tag{4-93}$$

以原始方差等于 5 为例，量子估计后的方差与原始方差之间的关系如图 4-5 所示。

对基于自适应一维 Laplace 分布模型的小波系数收缩函数、基于自适应二维高斯分布模型的小波系数收缩函数和基于混合高斯的小波系数收缩函数的收缩效果进行比较，如图 4-6 ~ 图 4-8 所示。

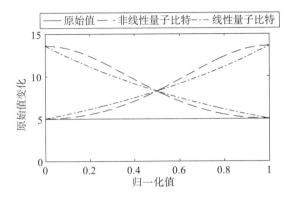

图 4 - 5　量子方差与原始方差比较

Fig. 4 - 5　Comparison between quantum - inspired and original variance

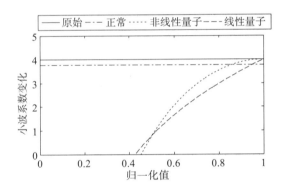

图 4 - 6　基于自适应一维 Laplace 分布模型的系数收缩函数

Fig. 4 - 6　Coefficient shrinkage function based on

adaptive one - dimensional Laplace model

图中，"原始"指的是小波系数的原始值，图中原始值为 4。"正常"指的是采用各自的小波系数收缩函数，方差直接估计计算，不进行量子叠加态的参数估计；"非线性量子比特"指的是采用各自的小波系数收缩函数，方差采用非线性量子比特进行量子叠加态的参数估计；"线性量子比特"指的是采用各自的小波系数收缩函数，方差采用线性量子比特进行量子叠加态的参数估计。

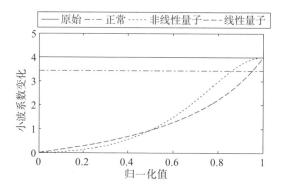

图 4 – 7　基于自适应二维高斯分布模型的系数收缩函数

Fig. 4 – 7　Coefficient shrinkage function based on adaptive

two – dimensional Gaussian model

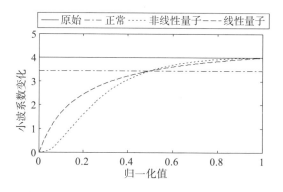

图 4 – 8　基于混合高斯的系数收缩函数

Fig. 4 – 8　Coefficient shrinkage function based on adaptive Gaussian mixture model

　　Laplace 的模型参数设置为 $u = 0$，$\sigma = 1$，$T = 3$，如图 4 – 6 所示，经过非线性量子比特和线性量子比特处理之后采用收缩函数处理，小波系数置零得多，然后迅速上升，推测处理后信号的振动幅度下降较大，波形不够光滑。

　　二维高斯边缘密度函数的参数设置为 $u = 0$，$\sigma = 1$，$T = 3$，如图 4 – 7 所示，经过非线性量子比特和线性量子比特处理之后采用收缩函数处理，小波系数缓慢上升，波形的波动较小，推测处理后信号的振动幅度下降不如 Laplace 模型明显，波形较为光滑。

混合高斯密度函数的参数设置为 $a = 0.2$，$\sigma_1 = 1$，$\sigma_2 = 1$，如图 4 - 8 所示，经过非线性量子比特和线性量子比特处理之后采用收缩函数处理，系数开始迅速上升，跨过正常方差线后上升速度变慢，推测混合高斯融合了 Laplace 和二维高斯的优点，既能降低噪声，信号的波动也较平滑。

以软阈值降噪方法为例，阈值降噪方法认为小波系数绝对值大的位置，对应故障信息的可能性大；小波系数绝对值小的振动位置，对应故障信息的可能性小，因此在处理上将绝对值大于阈值的小波系数适当缩小，将绝对值小于阈值的小波系数直接置零。从图 4 - 6、图 4 - 7、图 4 - 8 的曲线变化情况来看，经过三种系数收缩函数收缩之后，绝对值较大的系数收缩少，绝对值小的系数收缩大。这一点与阈值降噪的思路具有类似之处，这一点也从侧面证明了 4.2 节中的小波系数量子化方法具有可行性。

4.7 降噪算法步骤

1. 基于自适应一维 Laplace 分布模型的量子降噪算法

依据前文所述，本书所提的基于自适应一维 Laplace 分布模型的量子降噪算法（quantum denoising method based on adaptive one-dimensional Laplace model，QDMAOLM）具体步骤如下：

（1）采用 DTCWT 分解滚动轴承振动信号；

（2）统计不同分解尺度下的高频小波系数分布情况，并根据直方图采用曲线拟合分别计算不同尺度下的 $T_r(s)$ 和 $T_i(s)$ 值；

（3）结合量子叠加态对不同分解尺度下的相关参数进行估算：如果采用非线性量子比特，则利用式（4 - 77）、式（4 - 78）、式（4 - 80）、式（4 - 81）对分解尺度 s 下，每一个系数的实部、虚部方差 $\sigma_{n_r}^2(s,j)$、

$\sigma_i^2 r(s,j)$、$\sigma_{n_i}^2(s,j)$、$\sigma_i^2 i(s,j)$ 进行估算；如果采用线性量子比特，则利用式（4 – 82）~式（4 – 85）对分解尺度 s 下，每一个系数的实部、虚部方差 $\sigma_{n_r}^2(s,j)$、$\sigma_i^2 r(s,j)$、$\sigma_{n_i}^2(s,j)$、$\sigma_i^2 i(s,j)$ 进行估算。计算出 DTCWT 的系数方差 $\hat{\sigma}_{n_r}^2(s,j)$、$\hat{\sigma}_i^2 r(s,j)$、$\hat{\sigma}_{n_i}^2(s,j)$、$\hat{\sigma}_i^2 i(s,j)$，并代入式（4 – 23）、式（4 – 26），收缩小波系数；

（4）对收缩后的 DTCWT 系数执行逆变换，进而获得降噪信号。

计算流程图如图 4 – 9 所示。

图 4 – 9　QDMAOLM 算法步骤

Fig. 4 – 9　Procedure of QDMAOLM

2. 基于自适应二维高斯分布模型的量子降噪算法

本书所提出的基于自适应二维高斯分布模型的量子降噪算法（quantum denoising method based on adaptive two-dimensional Gaussian model，QDMATGM）步骤如下：

（1）采用 DTCWT 分解滚动轴承振动信号；

（2）统计不同分解尺度下的高频小波系数分布情况，并根据直方图采用曲线拟合分别计算不同尺度下的 $T(s)$ 值；

（3）结合量子叠加态对不同分解尺度下的相关参数进行估算：如果采用非线性量子比特，则利用式（4 – 77）、式（4 – 78）、式（4 – 80）、式（4 – 81）对分解尺度 s 下，每一个系数的实部、虚部方差 $\sigma_{n_r}^2(s,j)$、$\sigma_i^2 r(s,j)$、$\sigma_{n_i}^2(s,j)$、$\sigma_i^2 i(s,j)$ 进行估算；如果采用线性量子比特，则利用式（4 – 82）~式（4 – 85）对分解尺度 s 下，每一个系数的实部、虚部方差 $\sigma_{n_r}^2(s,j)$、$\sigma_i^2 r(s,j)$、$\sigma_{n_i}^2(s,j)$、$\sigma_i^2 i(s,j)$ 进行估算。计算出 DTCWT 的系数方差 $\hat{\sigma}_{n_r}^2(s,j)$、$\hat{\sigma}_i^2 r(s,j)$、$\hat{\sigma}_{n_i}^2(s,j)$、$\hat{\sigma}_i^2 i(s,j)$，并代入式（4 – 45）、式（4 – 47），收缩小波系数；

（4）对收缩后的 DTCWT 系数执行逆变换，进而获得降噪信号。

计算流程图如图 4 – 10 所示。

图 4 – 10   QDMATGM 算法步骤

Fig. 4 – 10   Procedure of QDMATGM

3. 基于混合高斯分布模型的量子降噪算法

本书所提出的基于混合高斯分布模型的量子降噪算法（quantum denoising method based on Gaussian mixture model，QDMGMM）步骤如下：

（1）采用 DTCWT 分解滚动轴承振动信号；

（2）用 EM 算法计算出 $\sigma_i^2 1(s,j)$、$\sigma_i^2 2(s,j)$；

（3）结合量子叠加态对不同分解尺度下的相关参数进行估算：如果采用非线性量子比特，则利用式（4 – 86）、式（4 – 87）、式（4 – 88）对分解尺度 s 下，系数序列 $x_c(s) = x_r(1, s)$，$x_i(1, s)$，$x_r(2, s)$，$x_i(2, s)$，…，$x_r(j, s)$，$x_i(j, s)$，…，$x_r(N_s, s)$，$x_i(N_s, s)$ 的方差 $\sigma_i^2 1(s,j)$、$\sigma_i^2 2(s,j)$、$\sigma_i^2 n(s,j)$ 进一步进行估算；如果采用线性量子比特，则利用式（4 – 89）、式（4 – 91）、式（4 – 92）对分解尺度 s 下，系数序列 $x_c(s) = x_r(1, s)$，$x_i(1, s)$，$x_r(2, s)$，$x_i(2, s)$，…，$x_r(j, s)$，$x_i(j, s)$，…，$x_r(N_s, s)$，$x_i(N_s, s)$ 的方差 $\sigma_{n_r}^2(s,j)$、$\sigma_i^2 r(s,j)$、$\sigma_{n_i}^2(s, j)$、$\sigma_i^2(s,j)$ 进一步进行估算。计算出 DTCWT 的系数方差 $\hat{\sigma_i^2}1(s,j)$、$\hat{\sigma_i^2}2(s,j)$、$\hat{\sigma_i^2}n(s,j)$，并代入式（4 – 71），收缩小波系数；

（4）对收缩后的 DTCWT 系数执行逆变换，进而获得降噪信号。

计算流程图如图 4 – 11 所示。

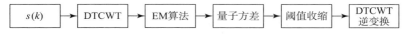

图 4 – 11   QDMGMM 算法步骤

Fig. 4 – 11   Procedure of QDMGMM

4.8 实测信号分析

软阈值降噪方法把低于计算阈值绝对值的小波系数归零，把绝对值高于计算阈值的小波系数减去阈值进行缩小。与硬阈值降噪方法相比，软阈值的降噪结果更加平滑，可减少信号中的毛刺，因此本书选择小波软阈值降噪作为对比方法。对采集的故障信号利用软阈值降噪，波形和频谱如图 4 - 12 所示。

对采集的故障信号利用软阈值降噪后，图 4 - 12 的波形上显示出较多的脉冲信息，说明噪声信息已经得到明显的降低，软阈值的脉冲高度最大值为 0.237 5。经 MATLAB2011b 测量，图 4 - 12（b）中，故障特征频率 $f = 157$Hz 对应的幅度为 0.003，完全淹没在干扰频率中，无法观察。

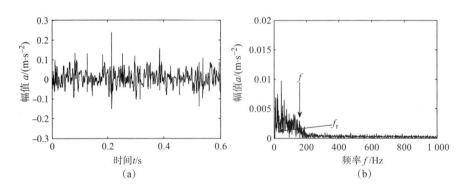

图 4 - 12　软阈值小波降噪结果

Fig. 4 - 12　Result of soft thresholding

（a）波形；（b）频谱

采用本章所提的三种方法对采集的振动信号进行分析，结果如图 4 - 13 ~ 图 4 - 18 所示。其中图 4 - 13 ~ 图 4 - 15 为采用非线性量子比特的结果，图 4 - 16 ~ 图 4 - 18 为采用线性量子比特的结果。

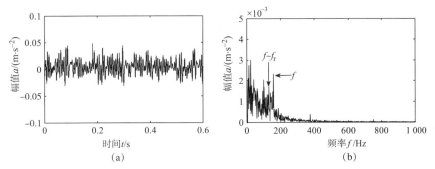

图 4 - 13　采用 QDMAOLM 的降噪结果（非线性量子比特）

Fig. 4 - 13　Denoising result using QDMAOLM（nonlinear qbit）

（a）波形；（b）频谱

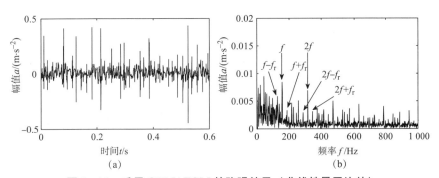

图 4 - 14　采用 QDMATGM 的降噪结果（非线性量子比特）

Fig. 4 - 14　Denoising result using QDMATGM（linear qbit）

（a）波形；（b）频谱

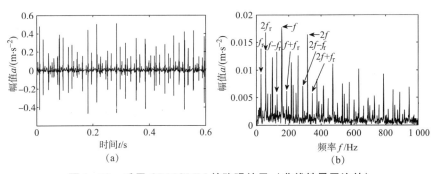

图 4 - 15　采用 QDMGMM 的降噪结果（非线性量子比特）

Fig. 4 - 15　Denoising result using QDMGMM（nonlinear qbit）

（a）波形；（b）频谱

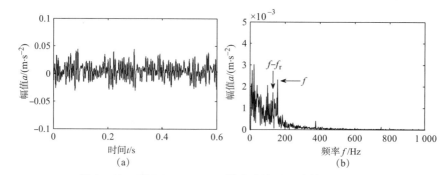

图 4 – 16　采用 QDMAOLM 的降噪结果（线性量子比特）

Fig. 4 – 16　Denoising result using QDMAOLM（linear qbit）

（a）波形；（b）频谱

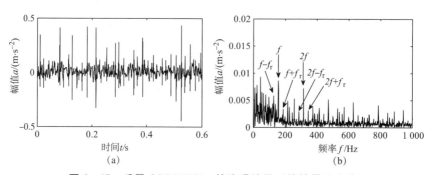

图 4 – 17　采用 QDMATGM 的降噪结果（线性量子比特）

Fig. 4 – 17　Denoising result using QDMATGM（linear qbit）

（a）波形；（b）频谱

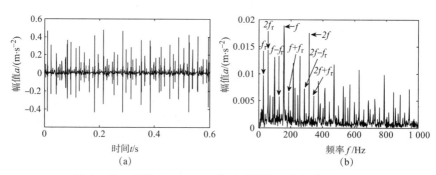

图 4 – 18　采用 QDMGMM 的降噪结果（线性量子比特）

Fig. 4 – 18　Denoising result using QDMGMM（linear qbit）

（a）波形；（b）频谱

1. 波形分析

观察三种基于统计模型的量子降噪算法的波形，图 4 – 13 （a）~ 图 4 – 18 中各自的图 （a） 中的脉冲信号均得到了体现，说明噪声得到了显著抑制。其中，QDMAOLM 降噪后的振动幅值下降最为显著，波形的锯齿较为严重；QDMATGM 降噪后振动幅度下降不如 QDMAOLM 明显，波形较为光滑；QDMGMM 脉冲信息最为显著，波形最为整洁，这一观测结果与图 4 – 6、图 4 – 7、图 4 – 8 中推测的结果一致，是理论分析在实际运用中的体现。

2. 频谱特点分析

对降噪后的轴承内圈故障信号进行频谱分析，如图 4 – 13 ~ 图 4 – 18 中各自的图 （b） 所示。

图 4 – 13 ~ 图 4 – 15 中各自的图 （b） 为采用非线性量子比特的结果，图 4 – 16 ~ 图 4 – 18 中各自的图 （b） 为采用线性量子比特的结果。结合第 2 章中所述的轴承内圈故障的频谱特点对频谱图进行观察和比较，表 4 – 1 列出了图 4 – 13 ~ 图 4 – 18 中各自的图 （b） 不同方法的频谱观测结果，"√" 表示在频谱图中该频率幅度较大或者未被干扰频率淹没，易于观察；"×" 表示在频谱图中该频率幅度较小或者被干扰频率淹没，观察困难。

表 4 – 1　三种模型的频谱观测

Table 4 – 1　Observation of spectra for three models

量子比特	滤波方法	f	f 左边带	f 右边带	$2f$	$2f$ 左边带	$2f$ 右边带	f_r	$2f_r$
非线性	QDMAOLM	√	√	×	×	×	×	×	×
	QDMATGM	√	√	√	√	√	√	×	×
	QDMGMM	√	√	√	√	√	√	√	√
线性	QDMAOLM	√	√	×	×	×	×	×	×
	QDMATGM	√	√	√	√	√	√	×	×
	QDMGMM	√	√	√	√	√	√	√	√

从表 4 - 1 中来看, 在使用线性和非线性量子比特下, 三种方法均能清楚观测到轴承的故障频率 f, 有助于轴承的故障判断。三种方法中, QDMGMM 处理之后, 频谱完全符合轴承内圈故障的特点, 更加有利于轴承的故障判断。另外, 利用 QDMGMM 处理之后, 频谱上清晰地存在三倍频 $3f$、四倍频 $4f$、五倍频 $5f$, 且存在以这些倍频为中心频率的左右边带, 边带与中心频率的差值等于转频 f_r。

需要注意的是, 由于图的尺寸较小, 部分数据用肉眼难以判断, 表 4 - 1 中的数据均是采用 MATLAB2011b 绘制图形后, 在图中实际测量得到。尽管采用线性比特和采用非线性比特的结果类似, 但为进一步对比差异, 用 QDMAOLM、QDMATGM、QDMGMM 采用非线性量子比特的降噪结果减去线性量子比特的降噪结果, 二者的差值如图 4 - 19、图 4 - 20、图 4 - 21 所示, 可以发现采用不同的量子比特仍存在一定的差别。

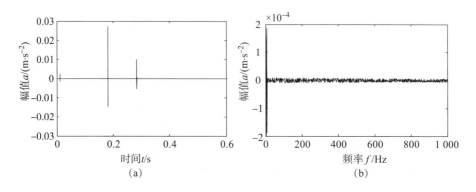

图 4 - 19 采用不同量子比特降噪差别 (QDMAOLM)

Fig. 4 - 19 Difference using different qbit (QDMAOLM)

(a) 波形; (b) 频谱

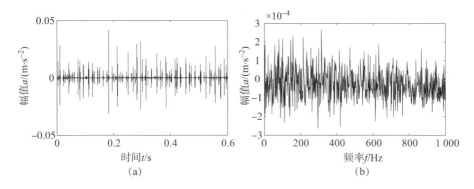

图 4 - 20　采用不同量子比特降噪差别（QDMATGM）

Fig. 4 - 20　Difference using different qbit（QDMATGM）

（a）波形；（b）频谱

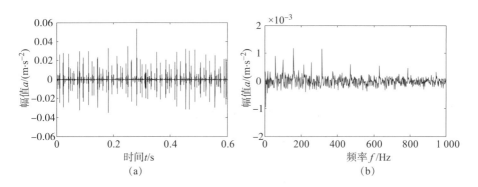

图 4 - 21　采用不同量子比特降噪差别（QDMGMM）

Fig. 4 - 21　Difference using different qbit（QDMGMM）

（a）波形；（b）频谱

3. 量化指标分析

采用第 2 章的三个指标对三种算法的降噪效果进行分析，如图 4 - 22 ~ 图 4 - 24 所示。可以发现，QDMATGM、QDMGMM 算法的降噪指标、增强指标、频率指标均优于传统的小波软阈值降噪方法，QDMAOLM 算法的降噪指标、增强指标均优于传统的软阈值降噪方法，频率指标低于软阈值降噪方法。

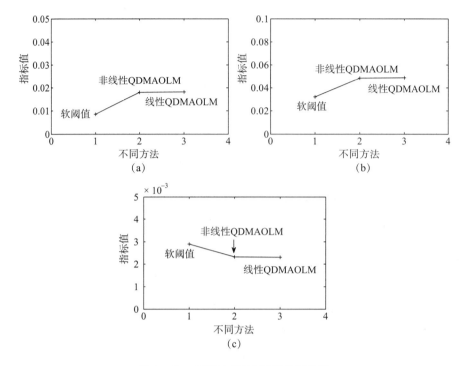

图 4 - 22　QDMAOLM 降噪结果比较

Fig. 4 - 22　Comparison of denoising result using QDMAOLM

（a）降噪指标；（b）增强指标；（c）频率指标

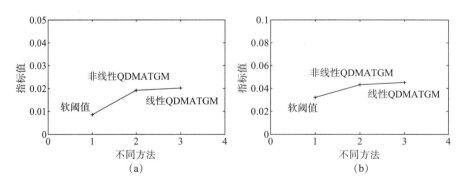

图 4 - 23　QDMATGM 降噪结果比较

Fig. 4 - 23　Comparison of denoising result using QDMATGM

（a）降噪指标；（b）增强指标

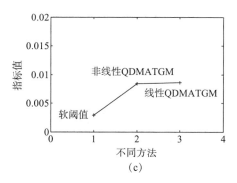

图 4 – 23　QDMATGM 降噪结果比较（续）

Fig. 4 – 23　Comparison of denoising result using QDMATGM

（c）频率指标

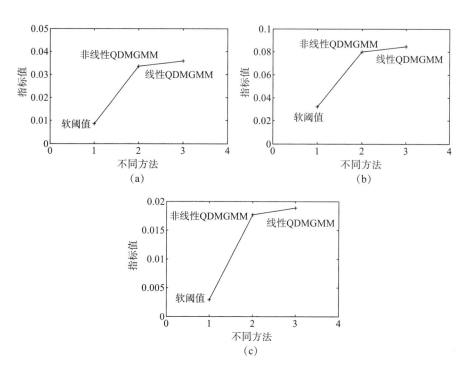

图 4 – 24　QDMGMM 降噪结果比较

Fig. 4 – 24　Comparison of denoising result using QDMGMM

（a）降噪指标；（b）增强指标；（c）频率指标

QDMAOLM 算法中，采用非线性量子比特所得的降噪指标、频率指标强于线性量子比特，采用非线性量子比特所得的增强指标弱于线性量子比特；QDMATGM 算法中，采用非线性量子比特所得的降噪指标、增强指标、频率指标全部弱于线性量子比特；QDMGMM 算法中，采用非线性量子比特所得的降噪指标、增强指标、频率指标全部弱于线性量子比特。

综上，QDMAOLM 采用非线性量子比特更有优势，QDMATGM 和QDMGMM 采用线性量子比特更有优势。

4.9　三种模型比较

本章分别基于自适应一维 Lapalace 分布模型、自适应二维高斯分布模型、混合高斯分布模型三种数理统计模型，建立了 QDMAOLM、QDMATGM、QDMGMM 三种量子降噪算法，现将三种量子降噪算法的特点对比如表 4 – 2 所示。

表 4 – 2　三种模型比较

Table 4 – 2　Comparison of three models

算法	数理模型基础	虚部实部关系	小波系数收缩函数	参数估计	计算量
QDMAOLM	Laplace 分布，一维概率密度函数	独立	虚部实部分别收缩	直方图和尺度间量子估计	小
QDMATGM	二维高斯分布，二维联合概率密度函数	不独立	虚部实部分别收缩	直方图和尺度间量子估计	适中
QDMGMM	混合高斯分布，两个一维概率密度函数合成	不独立	虚部实部共用一个函数收缩	EM 算法和尺度间量子估计	大

三种模型的关系如图 4 – 25 所示。为改变基于一维高斯模型无法体现小波系数分布"高峰值"和"长拖尾"的不足，分别建立自适应一维

Laplace 分布模型解决"高峰值"问题，建立自适应二维高斯分布模型解决"长拖尾"问题，最后建立混合高斯分布模型，一次性解决"高峰值"和"长拖尾"两个问题。

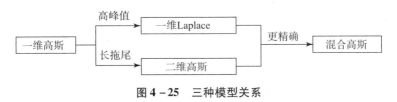

图 4 - 25 三种模型关系

Fig. 4 - 25 Relation of three models

结合第 2 章提到的三个指标，对三种降噪方法的处理结果作进一步分析，采用非线性量子比特和线性量子比特的结果分别如图 4 - 26、图 4 - 27 所示：

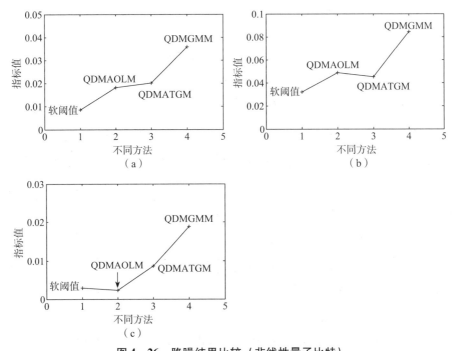

图 4 - 26 降噪结果比较（非线性量子比特）

Fig. 4 - 26 Comparison of denoising result（nonlinear qbit）

（a）降噪指标；（b）增强指标；（c）频率指标

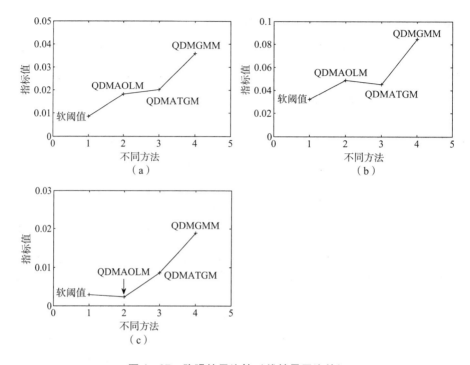

图 4 - 27   降噪结果比较（线性量子比特）

Fig. 4 - 27   Comparison of denoising result（linear qbit）

（a）降噪指标；（b）增强指标；（c）频率指标

（1）在降噪指标方面，无论是非线性量子比特还是线性量子比特，采用 QDMGMM 的效果最好，降噪指标的效果来看，降噪能力从大到小依次为：QDMGMM > QDMATGM > QDMAOLM > 软阈值降噪，说明了所提三种方法的降噪能力皆强于传统软阈值降噪。

（2）在增强指标方面，无论是非线性量子比特还是线性量子比特，三种系数收缩算法的增强指标均强于软阈值降噪，信号增强能力从大到小依次为：QDMGMM > QDMAOLM > QDMATGM > 软阈值降噪，说明了所提三种方法的增强能力皆强于传统软阈值降噪。

（3）在频率指标方面，无论是非线性量子比特还是线性量子比特，变化均与降噪指标和增强指标存在较大差异，软阈值降噪的该指标不是最小，QDMAOLM 的最小，QDMGMM 的值最大，从大到小依次为：

QDMGMM > QDMATGM > 软阈值降噪 > QDMAOLM。

进一步结合频谱图的特点和表 4 - 1，与软阈值降噪相比较，无论是线性量子比特，还是非线性量子比特，QDMAOLM、QDMATGM、QDMGMM 降噪效果更佳，故障信号增强更明显。

4.10　本章小结

本章将量子理论的应用范围从第 3 章的时域推广到小波域，进一步扩大了量子比特的运用范围。重点利用量子叠加态研究了小波系数尺度间相关性，结合贝叶斯理论，提出了 3 种基于量子理论的小波系数收缩降噪新方法。主要研究了以下内容：

（1）推导了基于自适应一维 Laplace 分布模型的小波系数收缩函数。

针对一维高斯分布表达小波系数的"高峰值"现象的不足，引入一维 Laplace 统计模型并加以改进，提出带可调参数 T 的自适应一维 Laplace 分布模型，并考虑了小波系数的均值，并在此基础上借助贝叶斯理论推导了相应的小波系数收缩函数。

（2）推导了基于自适应二维高斯分布模型的小波系数收缩函数。

针对一维高斯分布表达小波系数的"长拖尾"现象的不足，同时针对自适应一维 Laplace 分布模型独立考虑小波系数实部和虚部的不足，提出带可调参数 T 的二维联合正态分布模型，并结合贝叶斯参数估计方法推导了相应的小波收缩函数。

（3）推导了基于混合高斯分布模型的小波系数收缩函数。

为同时表达小波系数的"高峰值"和"长拖尾"两个特点，充分考虑到信号虚部和实部之间的关系，引入对小波系数分布具有更高精度估计的混合高斯分布模型，通过贝叶斯估计推导出更加符合小波系数分布特点的收缩函数。

（4）提出了基于量子叠加态的参数估计方法。

有效利用了小波系数的相关性，采用量子理论对贝叶斯理论中的参数进行了估计，实现了小波系数的非线性收缩。实测信号的降噪结果表明，与传统的小波软阈值降噪技术相比，获得比常规的小波降噪方法更高的信噪比，能有效抑制信号噪声。

（5）对比分析了 QDMAOLM、QDMATGM、QDMGMM 三种降噪算法。

从降噪指标、增强指标、频率指标对三种小波系数收缩方法进行了比较，总体上看，QDMGMM 的降噪效果和故障增强效果最好。与经典的小波软阈值降噪对比，三种方法均具备更强的降噪能力和故障信号增强能力。

本章将量子理论从第 3 章的时域拓展到小波域，但第 3 章和本章的方法都有一个共同点：量子理论需要结合其他方法完成降噪，不具备独立性。因此，在下一章将讨论完全依赖量子理论的降噪方法。

第5章

基于量子 Hadamard 变换的
降噪方法研究

从第 3 章和第 4 章不难看出，无论是结合数学形态学还是小波分析，二者皆是借助量子理论对其他降噪方法进行改进，为深入挖掘量子理论的噪声抑制能力，可以进一步研究一种仅仅依靠量子理论实现降噪的方法，以解决第 3 章和第 4 章采用量子理论降噪对其他方法的依赖。

另一方面，从数学形态学和小波分析的数学处理过程来看，二者降噪能力的体现，都是通过一定的方法将满足条件的局部极值凸显，将其他信号按照一定的法则进行压减，以达到降噪目的。

数学形态学理论中，梯度滤波器本质上是对局部极值进行处理，通过凸显机械振动信号中的局部极值以实现故障信息的提取。在腐蚀滤波器和膨胀滤波器的基础上组建的各类形态滤波器，在本质上仍然是对局部极值进行的处理。从小波分析来看，保留或适当减小数值较大的小波系数有利于保持主要信息，降低甚至是去除数值较小的小波系数有利于去除噪声信息和干扰信息，这是小波系数收缩降噪的核心思想，这一点与数学形态学的信号处理思路具有一定程度的一致性。

随着滚动轴承的运行，装备的工况逐渐发生变化，在这一过程中，不同时刻采集的每一个采样点中故障信息和噪声信息的强度将发生差异，信号的变化不仅表现在某一段，也同样体现在每一个采样点。数学形态学和小波分析对非线性、非稳态信号具有强大的分析能力，在机械设备的振动信号降噪中取得了大量的成果，但是以上两种方法及其改进算法仍然从局部或者全局进行分析，没有充分考虑到单个采样点中故障信号和噪声信号的变化，在一定程度上限制了此类算法的效果。

基于以上现状，本章将结合量子理论中单个量子比特和多量子比特系统的相关知识，针对滚动轴承振动信号非线性、非稳态的特点，深入挖掘每一个采样点的信息，借助数学形态学中梯度滤波器、小波分析中系数收缩降噪方法对信号局部极值进行凸显的理念，提出结合一种基于量子 Hadamard 变换的降噪方法（denoising method based on quantum Hadamard transform，DMQHT），该方法仅仅依靠量子理论本身对振动信号的局部极值进行凸显，进而实现滚动轴承振动信号的降噪。

5.1 量子 Hadamard 变换

基于量子理论的变换有多种形式，为量子理论的应用提供了数学基础，其中 Hadamard 变换（又称 Hadamard 门）因为其独特的性质而得到广泛关注[130]。假设一个量子系统包含 n 个量子比特，等价于拥有 $N = 2^n$ 态矢。假设矩阵 H 为一个 $N \times N$ 的酉矩阵，且满足 $H = H^T$，并有关系 $HH = I$。在二维的情形下，Hadamard 变换通常可表示为一个如下的酉矩阵 $H^{[131-133]}$：

$$H = \frac{1}{\sqrt{2}}\begin{pmatrix} 1 & 1 \\ 1 & -1 \end{pmatrix} \qquad (5-1)$$

利用 Hadamard 门 H 分别对一个量子比特的基态 $|0>$ 和 $|1>$ 进行操作，可得：

$$H \cdot |0> = \frac{1}{\sqrt{2}}|0> + \frac{1}{\sqrt{2}}|1> \qquad (5-2)$$

$$H \cdot |1> = \frac{1}{\sqrt{2}}|0> - \frac{1}{\sqrt{2}}|1> \qquad (5-3)$$

对 $|0>$ 和 $|1>$ 两个基态经过 Hadamard 变换以后，得到的基态有同样的幅值，但是对 $|0>$ 和 $|1>$ 变换后得到的状态中，基态 $|1>$ 的幅值是反向的。由上可知，经过 Hadamard 变换后，对新状态 $H \cdot |0>$ 和 $H \cdot |1>$ 进行测量，获得基态 $|0>$ 和 $|1>$ 的概率均为 0.5。

更广义的情况下，将量子 Hadamard 门 H 作用于量子比特 $|\Psi> = a|0> + b|1>$，可得：

$$H \cdot |\Psi> = H \cdot (a|0> + b|1>) = \frac{a+b}{\sqrt{2}}|0> + \frac{a-b}{\sqrt{2}}|1>$$

$$(5-4)$$

5.2　基于 Hadamard 变换的振动信号量子化

5.2.1　基于 Hadamard 变换的量子概率幅的参数范围

本部分研究的滚动轴承振动信号采用的是实数表达，为与第 2 章方法保持一定的联系和对比，同样在实数域进行讨论。令量子概率幅 a，b 取实数，结合单个量子比特的表达式 $|\Psi> = a|0> + b|1>$ 和量子概率幅归一化条件方程可知，a，b 的取值范围为 a，$b \in [-1, 1]$。为便于控制，进一步限制 a，$b \in [0, 1]$。结合第 2 章，同样采用 $|0>$、$|1>$ 分别对应振动信号的基本状态，$|0>$ 表示故障信号，$|1>$ 表示噪声信号。当 $a=1$ 时，根据式 $|\Psi> = a|0> + b|1>$ 和归一化条件方程

可得 $b=0$，量子比特变为 $|\Psi>=|0>$，表示完全故障信号；当 $a=0$ 时，根据式 $|\Psi>=a|0>+b|1>$ 和归一化条件方程可得 $b=1$，量子比特变为 $|\Psi>=|1>$，表示完全噪声信号。由于采样信号实际为介于故障信号和噪声信号之间的信号，因此 a，b 的取值范围进一步收缩为：

$$a,b \in (0,1) \tag{5-5}$$

根据式 (5-4)，经过 Hadamard 变换后，获得 $|0>$ 的 Hadamard 量子概率为：

$$\left(\frac{a+b}{\sqrt{2}}\right)^2 = \frac{1}{2}(a^2+b^2+2a \times b) = \frac{1}{2}(1+2a \times b) = 0.5 + a \times b > 0.5 \tag{5-6}$$

经过 Hadamard 变换后，获得 $|1>$ 的 Hadamard 量子概率为：

$$\left(\frac{a-b}{\sqrt{2}}\right)^2 = \frac{1}{2}(a^2+b^2-2a \times b) = \frac{1}{2}(1-2a \times b) = 0.5 - a \times b < 0.5 \tag{5-7}$$

为便于表述和区分，称式 (5-6) 和式 (5-7) 为 Hadamard 量子概率。式 (5-6) 和式 (5-7) 中，$a \times b$ 为关键值，此处对其变化规律进行讨论。

当设置单个量子比特 $|\Psi>=a|0>+b|1>$ 的量子概率幅时，根据第 2 章的知识，可采用以下形式。

1. 线性振动信号量子比特

$$a = \sqrt{p} \tag{5-8}$$

$$b = \sqrt{1-p} \tag{5-9}$$

根据式 (5-5) 可知，p 满足 $p \in (0,1)$，则：

$$a \times b = \sqrt{p \times (1-p)} \tag{5-10}$$

一阶导数为：

$$(a \times b)' = (\sqrt{p \times (1-p)})' = \frac{1-2p}{2\sqrt{p \times (1-p)}} \tag{5-11}$$

2. 非线性振动信号量子比特

$$a = \sin(\pi/2 \times p) \tag{5-12}$$

$$b = \cos(\pi/2 \times p) \tag{5-13}$$

根据式 (5-5) 可知，p 满足 $p \in (0,1)$，则：

$$a \times b = \sin(\pi/2 \times p) \times \cos(\pi/2 \times p) \tag{5-14}$$

一阶导数为：

$$(a \times b)' = (\sin(\pi/2 \times p) \times \cos(\pi/2 \times p))'$$

$$= \pi/2(2\sin^2(\pi/2 \times p) - 1) \tag{5-15}$$

以上两种量子比特中，当 $p = 0.5$ 时，$a \times b$ 取最大值，此时 $a \times b = 0.5$。在 $p \in (0, 0.5]$ 时，$a \times b$ 单调递增；$p \in [0.5, 1)$ 时，$a \times b$ 单调递减。式 (5-6)，式 (5-7) 为连续函数。综上，当 $p \in (0, 0.5]$ 时，式 (5-6) $\left(\dfrac{a+b}{\sqrt{2}}\right)^2$ 单调递增，式 (5-7) $\left(\dfrac{a-b}{\sqrt{2}}\right)^2$ 单调递减；当 $p \in [0.5, 1)$ 时，式 (5-6) $\left(\dfrac{a+b}{\sqrt{2}}\right)^2$ 单调递减，式 (5-7) $\left(\dfrac{a-b}{\sqrt{2}}\right)^2$ 单调递增。Hadamard 量子概率的变化曲线如图 5-1、图 5-2 所示。

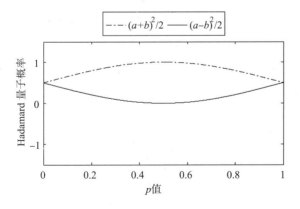

图 5-1　Hadamard 量子概率（非线性量子比特）

Fig. 5-1　Hadamard based quantum probability（nonlinear qbit）

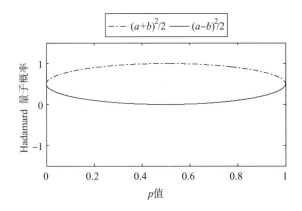

图 5 - 2　Hadamard 量子概率（线性量子比特）

Fig. 5 - 2　Hadamard based quantum probability（linear qbit）

为便于控制，可使式（5 - 6）和式（5 - 7）在整个区间保持单调性，因此将 p 的取值范围控制在 $(0, 0.5]$ 或者 $[0.5, 1)$，本书取 $p \in (0, 0.5]$ 进行研究。这样，a，b 取值范围进一步确定为：

$$0 < a \leqslant \sqrt{0.5} \tag{5 - 16}$$

$$\sqrt{0.5} \leqslant b < 1 \tag{5 - 17}$$

5.2.2　基于 Hadamard 变换的振动信号量子化

设 $s(k)(k = 1, 2, \cdots, m)$ 为振动采样信号，信号的归一化值可用于生成概率幅[49,51]，对信号归一化处理后得到 $z(k) \in [0, 1]$：

$$z(k) = \mathrm{abs}\left(\frac{s(k)}{\max(\mathrm{abs}(s(k)))}\right) \in [0, 1] \tag{5 - 18}$$

取归一化值的 1/2 生成概率幅，首先令

$$\mathrm{sn}(k) = \frac{z(k)}{2} \in [0, 0.5] \tag{5 - 19}$$

考虑到信号中不可能出现完全故障信号或完全噪声信号，借助振动信号线性量子比特的表达方式，设定概率幅为

$$a = \begin{cases} \sqrt{\varepsilon} & \mathrm{sn}(k) = 0 \\ \sqrt{\mathrm{sn}(k)} & 0 < \mathrm{sn}(k) \leqslant 1/2 \end{cases} \qquad (5-20)$$

$$b = \begin{cases} \sqrt{1-\varepsilon} & \mathrm{sn}(k) = 0 \\ \sqrt{1-\mathrm{sn}(n)} & 0 < \mathrm{sn}(k) \leqslant 1/2 \end{cases} \qquad (5-21)$$

式中，ε 表示极小的正实数。由此可得振动信号 $s(k)$ 量子化表示：

$$|s(k)> = \begin{cases} \sqrt{\varepsilon}\,|0> + \sqrt{1-\varepsilon}\,|1> & \mathrm{sn}(k) = 0 \\ \sqrt{\mathrm{sn}(k)}\,|0> + \sqrt{1-\mathrm{sn}(k)}\,|1> & 0 < \mathrm{sn}(k) \leqslant 1/2 \end{cases}$$
$$(5-22)$$

由于

$$\lim_{\varepsilon \to 0} \sqrt{\varepsilon} = 0 \qquad (5-23)$$

$$\lim_{\varepsilon \to 0} \sqrt{1-\varepsilon} = 1 \qquad (5-24)$$

因此，对比第 2 章中对振动信号量子比特的名称，将基于 Hadamard 变换的振动信号线性量子比特数学表达如下：

$$|s(k)> = \sqrt{\mathrm{sn}(k)}\,|0> + \sqrt{1-\mathrm{sn}(k)}\,|1>, 0 \leqslant \mathrm{sn}(k) \leqslant 0.5$$
$$(5-25)$$

基于 Hadamard 变换的量子概率幅的取值范围变化如图 5 - 3 所示。

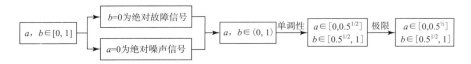

图 5 - 3　基于 Hadamard 变换的量子概率幅范围

Fig. 5 - 3　Range of quantum probability amplitude based on Hadamard transform

同理，借鉴基于 Hadamard 变换的振动信号线性量子比特的表达方式，将基于 Hadamard 变换的振动信号非线性量子比特数学表达如下：

$$|s(k)> = \sin(\pi/2 \times \mathrm{sn}(k))\,|0> + \cos(\pi/2 \times \mathrm{sn}(k))\,|1>,$$
$$0 \leqslant \mathrm{sn}(k) \leqslant 0.5 \qquad (5-26)$$

当 $s(k) = \mathrm{abs}(\max(s(k)))$ 时，式（5 - 25）和式（5 - 26）变为

$|s(k)> = \sqrt{1/2}\,|0> + \sqrt{1/2}\,|1>$，此时噪声出现的概率为最小值，大小为 50%。从图 5-4、图 5-5 来看，无论是线性量子比特还是非线性量子比特，对于基态 $|0>$，基于 Hadamard 的量子比特的概率幅要低于第 2 章中的量子比特；对于基态 $|1>$，基于 Hadamard 的量子比特的概率幅要高于第 2 章中的量子比特。而且，基于 Hadamard 的量子比特中，基态 $|0>$ 概率幅始终低于基态 $|1>$。式（5-22）和式（5-26）的设计表明，信号基于 Hadamard 变换量子化之后，每一个点中都包含噪声信号，且出现噪声的概率至少为 50%，即在每一个采样点中，噪声的出现概率都大于或者等于故障信号出现的概率，这既符合实际，又将极大地利于噪声的分析。

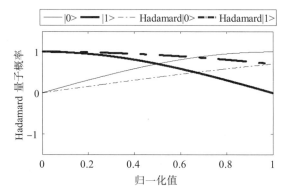

图 5-4　基于 Hadamard 变换的量子比特（非线性量子比特）

Fig. 5-4　Qbit based on Hadamard transform（nonlinear qbit）

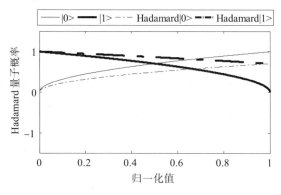

图 5-5　基于 Hadamard 变换的量子比特（线性量子比特）

Fig. 5-5　Qbit based on Hadamard transform（linear qbit）

经过上述讨论，式（5-6）、式（5-7）中基态 $|0>$ 和基态 $|1>$ 的 Hadamard 量子概率范围进一步变化为：

$$\left(\frac{a+b}{\sqrt{2}}\right)^2 = \frac{1}{2}(a^2 + b^2 + 2a \times b) = \frac{1}{2}(1 + 2a \times b)$$

$$= 0.5 + a \times b \in [0.5, 1] \qquad (5-27)$$

$$\left(\frac{a-b}{\sqrt{2}}\right)^2 = \frac{1}{2}(a^2 + b^2 - 2a \times b) = \frac{1}{2}(1 - 2a \times b)$$

$$= 0.5 - a \times b \in [0, 0.5] \qquad (5-28)$$

分析两式的变化规律可知，代表故障信息的基态 $|0>$ 的 Hadamard 量子概率随着 $\mathrm{abs}(s(k))$ 的增加而增加，代表噪声信息的基态 $|1>$ 的 Hadamard 量子概率随着 $\mathrm{abs}(s(k))$ 的减小而增加。

5.3　基于 Hadamard 变换的凸显单向脉冲的振动信号量子化

本节参照第 2 章，在上一节的基础上，基于 Hadamard 变换对振动信号的时域正向脉冲和时域负向脉冲进行量子化。

5.3.1　基于 Hadamard 变换的凸显正向脉冲的振动信号量子化

为凸显正向脉冲的信息，时域振动信号 $s(k)(k=1, 2, \cdots, m)$ 的归一化公式采用式（5-29）：

$$z(k) = \frac{s(k) - \min(s(k))}{\max(s(k)) - \min(s(k))} \in [0, 1] \qquad (5-29)$$

取归一化值的 1/2 生成概率幅，令

$$\mathrm{sn}(k) = \frac{z(k)}{2} \in [0, 0.5] \qquad (5-30)$$

观察上式可知，采用 sn(k) 直接生成量子概率幅，那么 $s(k)$ 值越大的地方，出现正向脉冲的概率就越大，而 $s(k)$ 值越小的地方，出现非正向脉冲信息的概率就越大。因此可用基态 $|0>$ 表示故障状态中正向脉冲信息，用基态 $|1>$ 表示非正向脉冲信息。

参考 2.5 节的量子化过程，基于 Hadamard 变换对振动信号进行凸显正向脉冲的量子化，同样量子化成线性和非线性两种类型。

（1）基于 Hadamard 变换的凸显正向脉冲的线性量子比特数学表达如下：

$$|s(k)> = \sqrt{sn(k)}\,|0> + \sqrt{1-sn(k)}\,|1> \qquad (5-31)$$

（2）基于 Hadamard 变换的凸显正向脉冲的非线性量子比特数学表达如下：

$$|s(k)> = \sin(sn(k)\times\pi/2)\,|0> + \cos(sn(k)\times\pi/2)\,|1>$$
$$(5-32)$$

式（5-31）、式（5-32）中基态 $|0>$ 和基态 $|1>$ 的 Hadamard 量子概率范围进一步变化为：

$$\left(\frac{a+b}{\sqrt{2}}\right)^2 = \frac{1}{2}(a^2+b^2+2a\times b) = \frac{1}{2}(1+2a\times b)$$
$$= 0.5 + a\times b \in [0.5,1] \qquad (5-33)$$

$$\left(\frac{a-b}{\sqrt{2}}\right)^2 = \frac{1}{2}(a^2+b^2-2a\times b) = \frac{1}{2}(1-2a\times b)$$
$$= 0.5 - a\times b \in [0,0.5] \qquad (5-34)$$

5.3.2　基于 Hadamard 变换的凸显负向脉冲的振动信号量子化

为凸显负向脉冲的信息，时域振动信号 $s(k)(k=1, 2, \cdots, m)$ 的归一化公式采用式（5-35）：

$$z(k) = \frac{-s(k)-\min(-s(k))}{\max(-s(k))-\min(-s(k))} \in [0,1] \qquad (5-35)$$

取归一化值的 1/2 生成概率幅，令

$$\mathrm{sn}(k) = \frac{z(k)}{2} \in [0, 0.5] \qquad (5-36)$$

观察上式可知，采用 $\mathrm{sn}(k)$ 直接生成量子概率幅，那么 $s(k)$ 值越小的地方，出现负向脉冲的概率就越大，而 $s(k)$ 值越大的地方，出现非负向脉冲信息的概率就越大。因此可用基态 $|0>$ 表示故障状态中负向脉冲信息，用基态 $|1>$ 表示非负向脉冲信息。

参考 2.5 节的量子化过程，基于 Hadamard 变换对振动信号进行凸显负向脉冲的量子化，同样量子化成线性和非线性两种类型。

（1）基于 Hadamard 变换的凸显负向脉冲的线性量子比特数学表达如下：

$$|s(k)> = \sqrt{\mathrm{sn}(k)} \, |0> + \sqrt{1 - \mathrm{sn}(k)} \, |1> \qquad (5-37)$$

（2）基于 Hadamard 变换的凸显负向脉冲的非线性量子比特数学表达如下：

$$|s(k)> = \sin(\mathrm{sn}(k) \times \pi/2) \, |0> + \cos(\mathrm{sn}(k) \times \pi/2) \, |1>$$
$$(5-38)$$

式（5-37）、式（5-38）中基态 $|0>$ 和基态 $|1>$ 的 Hadamard 量子概率范围进一步变化为：

$$\left(\frac{a+b}{\sqrt{2}}\right)^2 = \frac{1}{2}(a^2 + b^2 + 2a \times b) = \frac{1}{2}(1 + 2a \times b)$$
$$= 0.5 + a \times b \in [0.5, 1] \qquad (5-39)$$

$$\left(\frac{a-b}{\sqrt{2}}\right)^2 = \frac{1}{2}(a^2 + b^2 - 2a \times b) = \frac{1}{2}(1 - 2a \times b)$$
$$= 0.5 - a \times b \in [0, 0.5] \qquad (5-40)$$

5.4　基于 Hadamard 变换的降噪方法

5.4.1　可行性分析

当机械设备发生故障时，对正向脉冲而言，振动信号 $s(k)$ 会突然增大；反之，如 $s(k)$ 数值较小，则包含正向脉冲故障信息的可能性就小。根据式（5-31）、式（5-32）、式（5-37）、式（5-38）可知，应对正负故障脉冲区分处理。

1. 正向故障脉冲

经式（5-29）和式（5-30）处理之后，当 $s(k)$ 为一个较大的正值，$sn(k)$ 也会是一个较大的正值，根据式（5-31）和式（5-32），代表正向故障脉冲信号的状态 $|0>$ 出现的概率大，采样点包含故障信息的可能性大；反之，当 $s(k)$ 为一个较小的数值，$sn(k)$ 也会是一个较小的数值，根据式（5-31）和式（5-32），代表非正向脉冲故障信号的状态 $|1>$ 出现的概率大，采样点包含正向故障脉冲信息的可能性小。

2. 负向故障脉冲

经式（5-35）和式（5-36）处理之后，当 $s(k)$ 为一个较小的负值，$sn(k)$ 会是一个较大的正值，根据式（5-37）和式（5-38），代表负向故障脉冲信号的状态 $|0>$ 出现的概率大，采样点包含故障信息的可能性大；反之，当 $s(k)$ 为一个较大的数值，$sn(k)$ 也会是一个较小的数值，根据式（5-37）和式（5-38），代表非负向脉冲故障信号的状态 $|1>$ 出现的概率大，采样点包含负向故障脉冲信息的可能性小。

通过式（5-31）、式（5-32）、式（5-37）、式（5-38），很好地

将振动信号的故障脉冲信息物理意义表达在了量子理论的框架内，完成了基于 Hadamard 变换的振动信号量子化。基于式（5 – 31）、式（5 – 32）、式（5 – 37）、式（5 – 38），有望研究出一种信号降噪的新方法。

从第 3 章的数学形态学和第 4 章的双树复小波的数学处理过程来看，二者降噪能力的体现，都是通过一定的方法将满足条件的局部极值凸显，将其他信号按照一定的法则进行压减，以达到降噪目的。二者本身具有完善的理论，可以进行推导。接下来的算法设计当中尽管引入了极值处理的思想，但是并没有进行理论的推导，这是该算法不完善的地方。关于这一问题，已经发表在 SCI 期刊《Measurement》（IF：1.7）上的论文《A novel mean filter for mechanical failure information extraction》已经进行了说明：本算法的主要意义在于研究一种完全采用量子理论的方法，受作者水平所限，只做了初级探索，未进行深入研究。

5.4.2　衡量算子

本节将依据振动信号在邻域内的相关性，建立机械振动信号与 Hadamard 变换相结合的衡量算子（measurement operator，MO），用于定量描述 Hadamard 变换下的振动信号采样点，进而采用合适的信号处理方式。

机械设备在运行过程中伴随振动，当采样频率较高，反映在振动信号上，相邻时刻的振动大小具有较强的关联性，而噪声由于随机性则不具备此特点。图 5 – 6 为用于 Hadamard 量子化的归一化信号 $sn(k)$ 的 1×3 邻域窗口，包含 3 个采样点，每个采样点都可以由式（5 – 25）或式（5 – 26）来表示。

$sn(k-1)$	$sn(k)$	$sn(k+1)$

图 5 – 6　1 ×3 邻域位置关系

Fig. 5 – 6　1 ×3 neighborhood

基于图 5 – 6 所表示的邻域建立衡量算子，MO 的计算式如下：

$$\text{mo}(k) = a(k-1) \times a(k) \times a(k+1) \qquad (5-41)$$

式中，$\text{mo}(k)$ 表示 MO 算子对采样点 $\text{sn}(k)$ 的计算结果，$a(k)$ 表示对应采样点的基态 $|0>$ 量子概率幅。注意 MO 与第 3 章 LMO 的差异，LMO 采用 $s(k)$ 生成，并在此基础上建立了 3 量子比特的系统，用于 ALSE 的生成；MO 采用 $\text{sn}(k)$ 来完成计算，而 $\text{sn}(k)$ 是在 Hadamard 变换的基础上生成，MO 用于下文降噪阈值的确定。

如果采用线性量子比特，则

$$\text{mo}(k) = \sqrt{\text{sn}(k-1)} \times \sqrt{\text{sn}(k)} \times \sqrt{\text{sn}(k+1)} \qquad (5-42)$$

如果采用非线性量子比特，则

$$\text{mo}(k) = \sin(\pi/2 \times \text{sn}(k-1)) \times \sin(\pi/2 \times \text{sn}(k)) \times$$
$$\sin(\pi/2 \times \text{sn}(k+1)) \qquad (5-43)$$

MO 沿着用于 Hadamard 量子化的归一化信号 $\text{sn}(k)$ 的水平方向进行处理，采用 MO 的运算值 $\text{mo}(k)$ 作为对应位置振动信号的衡量指标。从图 5 – 6 可以看出，水平方向从左到右或从右到左，MO 的计算结果相同，如果运用于硬件设计或者软件编程，该算子可以减轻设计复杂度，说明 MO 在实际应用中具有更好的适应能力。

经式（5 – 29）和式（5 – 30）处理之后，由于 $\text{sn}(k)$ 为 $s(k)$ 的单调函数，观察可知，只有当 $s(k)$ 的连续三个点都处于较大的值时，$\text{mo}(k)$ 才能获得较大的数值。因此 $s(k)$ 在极大值点附近时，$\text{mo}(k)$ 才有可能获得较大的值，其他位置数值将是一个较小的数值。同理，经式（5 – 35）和式（5 – 36）处理之后，$s(k)$ 在极小值点附近，$\text{mo}(k)$ 才有可能获得较大的值，其他位置数值将是一个较小的数值。因此采用 $\text{mo}(k)$ 能够突出振动信号的正向和负向故障脉冲极值点。正向和负向极值点的数值经过处理后数值较大，包含故障信息的可能性大，使用这一算子衡量振动信号可以有效地突出故障脉冲信息。

5.4.3　阈值确定

由于振动信号的随机性，每一个采样点中正负故障脉冲信号和噪声信号出现的概率是不一样的，对每一个采样点处理时，必须考虑到这一特点。为解决这一问题，为每一个采样点设定一个对应的阈值 $T(n)$，并以此确定每一个采样点的处理方法。

中值滤波器[134,135] 能够平滑信号，广泛应用于脉冲噪声的消除，由于脉冲噪声导致信号突然的变化，而故障信号同样会导致振动信号突然的变化，二者具有相似之处，因此换成另一个相反的角度来讲，利用中值滤波器设定阈值 $T(n)$，有望实现故障脉冲信号的提取。采用中值滤波器结合 MO 确定阈值 $T(k)$：

$$T(k) = \mathrm{med}(\mathrm{mo}(\mathrm{sn}(k-3)), \cdots, \mathrm{mo}(\mathrm{sn}(k)), \cdots, \mathrm{mo}(\mathrm{sn}(k+3)))$$

$$(5-44)$$

结合式（5-41）可知，这一阈值的计算方式，确保了极值点及其附近的点的 mo 值都处于阈值 $T(k)$ 以上，因此符合 $\mathrm{mo}(k) > T(k)$ 的采样点为正向或者负向故障脉冲信息的可能性较大。

5.4.4　降噪方法

1. 正向故障脉冲信号的降噪方法

（1）正向故障脉冲的确定。

利用式（5-29）~式（5-32）处理之后，运用式（5-44）计算阈值，$\mathrm{mo}(k) > T(k)$ 的采样点判定为正向故障脉冲信息，$\mathrm{mo}(k) \leqslant T(k)$ 判定为非正向故障脉冲信息。

（2）正向故障脉冲的处理。

对于正向脉冲，当正向故障脉冲信号越大时，$a \times b$ 越大，经过

Hadamard 变换后获得的两个基态概率：式（5-33）越大，式（5-34）越小。在上一部分已知，为突出正向故障脉冲信息，满足 $\mathrm{mo}(k) > T(k)$ 的采样点应增强，满足 $\mathrm{mo}(k) \leqslant T(k)$ 的点应降低。因此可采用式（5-33）、式（5-34）计算出的 Hadamard 量子概率进行噪声的消除，最终得到信号 $s_1(k)$。当 $\mathrm{mo}(k) > T(k)$ 时，出现故障信息的可能性大，因此采用表示故障信息的基态 $|0>$ 的 Hadamard 量子概率进行处理：

$$s_1(k) = \mathrm{sn}(k) + \left(\frac{a(k) + b(k)}{\sqrt{2}}\right)^2 = 0.5 + \mathrm{sn}(k) + a(k) \times b(k)$$

$$(5-45)$$

当 $\mathrm{mo}(k) \leqslant T(k)$ 时，出现噪声信息的可能性大，因此采用表示噪声信息的基态 $|1>$ 的 Hadamard 量子概率进行处理：

$$s_1(k) = \mathrm{sn}(k) - \left(\frac{a(k) - b(k)}{\sqrt{2}}\right)^2 = -0.5 + \mathrm{sn}(k) + a(k) \times b(k)$$

$$(5-46)$$

观察式（5-45）、式（5-46）的变化规律可知，当 $\mathrm{mo}(k) > T(k)$ 时，$s(k)$ 越大，信号增加得越多；当 $\mathrm{mo}(k) \leqslant T(k)$ 时，$s(k)$ 越小，信号减少得越多。正向峰值经过该方式处理，仍然为正向峰值，保证了正向峰值点的稳定，也保证了正向脉冲位置的稳定。

观察式（5-45）、式（5-46）可知

$$\mathrm{sn}(k) + 0.5 \leqslant 0.5 + \mathrm{sn}(k) + a(k) \times b(k) \leqslant \mathrm{sn}(k) + 1$$

$$(5-47)$$

$$\mathrm{sn}(k) - 0.5 \leqslant -0.5 + \mathrm{sn}(k) + a(k) \times b(k) \leqslant \mathrm{sn}(k) \quad (5-48)$$

根据式（5-47）、式（5-48）可知，满足 $\mathrm{mo}(k) > T(k)$ 的采样点在 $\mathrm{sn}(k)$ 的基础上增加了 0.5~1，且 $\mathrm{sn}(k)$ 值越大导致 $\mathrm{sn}(k)$ 增加越多；满足 $\mathrm{mo}(k) \leqslant T(k)$ 的点在 $\mathrm{sn}(k)$ 的基础上减少了 0~0.5，且 $\mathrm{sn}(k)$ 值越小导致 $\mathrm{sn}(k)$ 减少得越多。由于 $\mathrm{sn}(k) \in [0, 0.5]$，因此 $\mathrm{mo}(k) > T(k)$ 的采样点在 $\mathrm{sn}(k)$ 的基础上增加了 100%~200%，满足 $\mathrm{mo}(k) \leqslant T(k)$ 的点在 $\mathrm{sn}(k)$ 的基础上减少了 0~100%。

2. 负向故障脉冲信号的降噪方法

（1）负向故障脉冲的确定。

利用（5 – 35）~ 式（5 – 38）处理之后，运用式（5 – 44）计算阈值，$\mathrm{mo}(k) > T(k)$ 的采样点判定为负向故障脉冲信息，$\mathrm{mo}(k) \leqslant T(k)$ 判定为非负向故障脉冲信息。

（2）负向故障脉冲的处理。

对于负向脉冲，当 $s(k)$ 越小时，$a \times b$ 越大，经过 Hadamard 变换后获得的两个 Hadamard 量子概率：式（5 – 39）越大，式（5 – 40）越小。为突出负向故障脉冲信息，满足 $\mathrm{mo}(k) > T(k)$ 的采样点应减小，满足 $\mathrm{mo}(k) \leqslant T(k)$ 的点应增大。因此可采用式（5 – 39）、式（5 – 40）计算出的 Hadamard 量子概率进行噪声的消除，最终得到信号 $s_2(k)$。当 $\mathrm{mo}(k) > T(k)$ 时，出现故障信息的可能性大，因此采用表示故障信息的基态 $|0>$ 的 Hadamard 量子概率进行处理：

$$s_2(k) = -\mathrm{sn}(k) - \left(\frac{a(k) + b(k)}{\sqrt{2}}\right)^2 = -0.5 - \mathrm{sn}(k) - a(k) \times b(k)$$

$$(5 – 49)$$

当 $\mathrm{mo}(k) \leqslant T(k)$ 时，出现故障信息的可能性小，因此采用表示噪声信息的基态 $|1>$ 的 Hadamard 量子概率进行处理：

$$s_2(k) = -\mathrm{sn}(k) + \left(\frac{a(k) - b(k)}{\sqrt{2}}\right)^2 = 0.5 - \mathrm{sn}(k) - a(k) \times b(k)$$

$$(5 – 50)$$

观察式（5 – 49）、式（5 – 50）的变化规律可知，当 $\mathrm{mo}(k) > T(k)$ 时，$s(k)$ 越小，信号减少得越多；当 $\mathrm{mo}(k) \leqslant T(k)$ 时，$s(k)$ 越大，信号增加得越多。负向峰值经过该方式处理，仍然为负向峰值，保证了负向峰值点的稳定，也保证了负向脉冲位置的稳定。

观察式（5 – 49）、式（5 – 50）可知：

$$- \operatorname{sn}(k) - 1 \leqslant -0.5 - \operatorname{sn}(k) - a(k) \times b(k) \leqslant -\operatorname{sn}(k) - 0.5$$

$$(5-51)$$

$$- \operatorname{sn}(k) \leqslant 0.5 - \operatorname{sn}(k) + a(k) \times b(k) \leqslant -\operatorname{sn}(k) + 0.5$$

$$(5-52)$$

根据式 (5-51)、式 (5-52) 可知，满足 $\operatorname{mo}(k) > T(k)$ 的采样点在 $-\operatorname{sn}(k)$ 的基础上减少了 $0.5 \sim 1$，且 $-\operatorname{sn}(k)$ 值越小导致 $-\operatorname{sn}(k)$ 减少越多；满足 $\operatorname{mo}(k) \leqslant T(k)$ 的点在 $-\operatorname{sn}(k)$ 的基础上增加了 $0 \sim 0.5$，且 $-\operatorname{sn}(k)$ 值越大导致 $-\operatorname{sn}(k)$ 增加得越多。由于 $-\operatorname{sn}(k) \in [0, -0.5]$，因此 $\operatorname{mo}(k) > T(k)$ 的采样点在 $-\operatorname{sn}(k)$ 的基础上减少了 $100\% \sim 200\%$，满足 $\operatorname{mo}(k) \leqslant T(k)$ 的点在 $-\operatorname{sn}(k)$ 的基础上增加了 $0 \sim 100\%$。

5.5　降噪算法步骤

通过上述推导，借助 Hadamard 的变换，得到了一种完全依靠量子理论的振动信号时域处理方法，该算法充分分析了每一个采样点的叠加状态，在运算过程中能够自适应的调整参数，基于量子 Hadamard 变换的降噪方法 （denoising method based on quantum Hadamard transform，DMQHT） 的计算过程主要包含正向故障脉冲的降噪、负向故障脉冲的降噪和故障信号的合成三步。

1. 正向故障脉冲的降噪

（1）根据式 (5-29) ~ 式 (5-32)，完成振动信号基于 Hadamard 变换的凸显正向脉冲的量子化；

（2）根据式 (5-33)、式 (5-34)，计算每一个采样点的 Hadamard 量子概率；

（3）根据式 (5-41) 采用 MO 衡量每一个采样点；

（4）根据式（5-44）获得每一个采样点的阈值；

（5）根据式（5-45）和式（5-46），对信号进行正向故障信息处理，得到 $s_1(k)$。

2. 负向故障脉冲的降噪

（1）根据式（5-38）~式（5-39），完成振动信号基于 Hadamard 变换的凸显负向脉冲的量子化；

（2）根据式（5-39）、式（5-40），计算每一个采样点的 Hadamard 量子概率；

（3）根据式（5-41）采用 MO 衡量每一个采样点；

（4）根据式（5-44）获得每一个采样点的阈值；

（5）根据式（5-49）和式（5-50），对信号进行负向故障信息处理，得到 $s_2(k)$。

3. 故障信号的合成

利用如下公式获取得到降噪故障信号。

$$d(k) = \frac{s_1(k) + s_2(k)}{2} \qquad (5-53)$$

通过式（5-53），可以将降噪后的正向故障脉冲和降噪后的负向故障脉冲整合进一个信号，且可以进一步去除噪声。由于首先将 $s(k)$ 变换为 $sn(k)$ 再进行处理，由式（5-47）、式（5-48）、式（5-51）、式（5-52）可知，利用 $(s_1(k) + s_2(k))/2$ 得到降噪信号 $d(k)$ 将在 -1 ~ 1 之间变动。

以仿真信号为例对算法进行验证分析，首先以全部大于零的信号为例，采样频率 1 000Hz，时间长度为 1s：

$$x_1 = 1.5 + \sin(5\pi t) \qquad (5-54)$$

经过 Hadamard 处理的结果如图 5-7 所示。可以看出，经过处理之后，脉冲可能出现的位置（波峰、波谷）变得更加突出。从整体上看，经过处理后的信号振动处于 $-1 \sim 1$ 之间，验证了前文的分析结果。处理后信号与原始信号的变化规律保持一致，除了波峰、波谷处发生显著变化外，其他地方的波形与原始波形类似，说明该算法具备较好的细节处理能力。

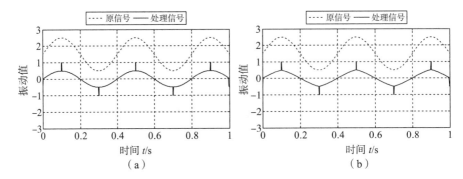

图 5 - 7　量子 Hadamard 变换处理结果（$1.5 + \sin(5\pi t)$）

Fig. 5 - 7　Processing result using quantum Hadamard transform（$1.5 + \sin(5\pi t)$）

（a）非线性量子比特；（b）线性量子比特

再以全部小于零的信号为例，采样频率 1 000 Hz，时间长度为 1 s：

$$x_1 = -1.5 + \sin(5\pi t) \tag{5-55}$$

经过 Hadamard 处理的结果如图 5 - 8 所示。可以看出，经过处理之

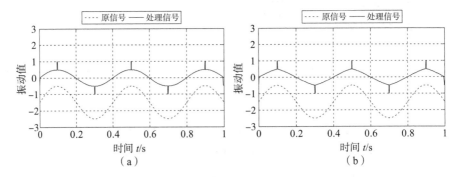

图 5 - 8　量子 Hadamard 变换处理结果（$-1.5 + \sin(5\pi t)$）

Fig. 5 - 8　Processing result using quantum Hadamard transform（$-1.5 + \sin(5\pi t)$）

（a）非线性量子比特；（b）线性量子比特

后，脉冲可能出现的位置（波峰、波谷）变得更加的突出。从整体上看，经过处理后的信号振动处于 −1 ~1 之间，验证了前文的分析结果。此外，处理后信号与原始信号的变化规律保持一致，除了波峰、波谷处发生显著变化外，其他地方的波形与原始波形类似。

5.6　实测信号分析

5.6.1　降噪处理

对采集的轴承内圈故障信号进行分析，采用非线性量子比特的结果如图 5 −9 所示、采用线性量子比特的结果如图 5 −10 所示，二者的差别如图 5 −11 所示。可以看到，经过 DMQHT 处理，非线性量子比特和线性量子比特均能够观察到故障特征频率和故障特征频率的二倍频，有利于轴承故障诊断和相关维修策略的制定。

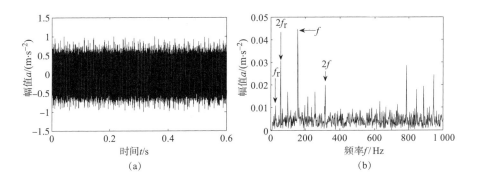

图 5 −9　DMQHT 处理结果（非线性量子比特）

Fig. 5 −9　Denoising result of DMQHT（nonlinear qbit）

（a）波形；（b）频谱

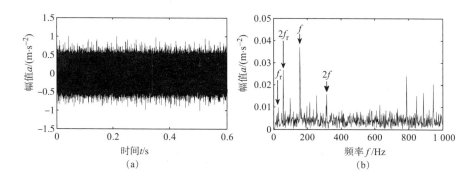

图 5 – 10　DMQHT 处理结果（线性量子比特）

Fig. 5 – 10　Denoising result of DMQHT（linear qbit）

（a）波形；（b）频谱

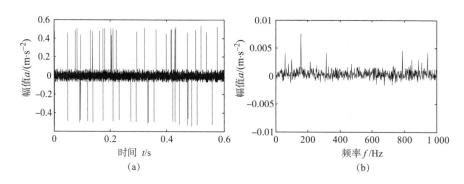

图 5 – 11　DMQHT 采用不同量子比特的降噪之差

Fig. 5 – 11　Difference of DMQHT using different qbit

（a）波形；（b）频谱

1. 波形分析

观察采用非线性和线性量子比特利用 DMQHT 降噪的波形，图 5 – 9（a）、图 5 – 10（a）中脉冲信号均得到了体现，且波形得到了较大的调整。由于首先将 $s(k)$ 变换为 $sn(k)$ 再进行处理，由式（5 – 47）、式（5 – 48）、式（5 – 51）、式（5 – 52）可知，利用 $(s_1(k) + s_2(k))/2$ 得到降噪信号 $d(k)$ 将在 $-1 \sim 1$ 之间变动，图 5 – 9（a）、图 5 – 10（a）

符合这一特点。

2. 频谱特点分析

对采用 DMQHT 降噪后的轴承内圈故障信号进行频谱分析, 结果如图 5 – 9 (b)、图 5 – 10 (b) 所示, 分别为采用非线性量子比特的结果和采用线性量子比特的结果。图 5 – 11 为二者的降噪区别。

结合第 2 章中所述的轴承内圈故障的频谱特点对频谱图进行观察和比较, 表 5 – 1 列出了图 5 – 9、图 5 – 10 采用 MATLAB2011b 进行频谱测量的结果,"√"表示在频谱图中该频率幅度易于观察;"×"表示在频谱图中该频率幅度观察困难。

表 5 – 1　DMQHT 的频谱观测

Table 5 – 1　Observation of spectra for DMQHT

量子比特	f	f 左边带	f 右边带	$2f$	$2f$ 左边带	$2f$ 右边带	f_r	$2f_r$
非线性	√	×	×	√	×	×	√	√
线性	√	×	×	√	×	×	√	√

可以发现, 采用 DMQHT 降噪之后, 信号的噪声已经大幅度地减少, 故障特征频率 f 和二倍频 $2f$, 转频 f_r 和二倍转频 $2f_r$ 均能清晰观察。从表中看, DMQHT 达到了较好的降噪效果, 可以判定轴承发生了内圈故障。

3. 量化指标分析

采用第 2 章的三个指标对 DMQHT 的降噪效果进行分析, 如图 5 – 12 所示。图 5 – 12 对图 5 – 9、图 5 – 10 进行了指标分析, 三个指标均是非线性量子比特强于线性量子比特, 说明采用线性量子比特的处理效果更好。综上, 采用非线性量子比特, DMQHT 算法的降噪效果更佳。

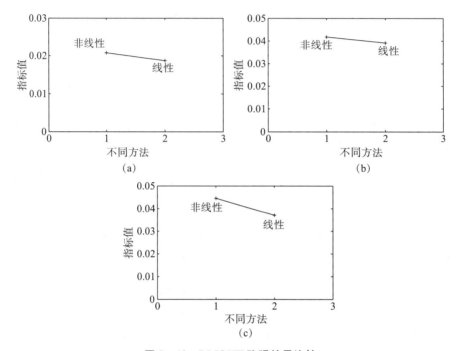

图 5 – 12　DMQHT 降噪结果比较

Fig. 5 – 12　Comparison of denoising result using DMQHT

（a）降噪指标；（b）增强指标；（c）频率指标

5.6.2　与其他方法的结合

为进一步探讨 DMQHT 降噪方法的降噪能力和故障信号增强能力，采用数学形态学和双树复小波进一步处理以作为对比。MMF 采用 ALSE 进行梯度滤波，双树复小波采用 QDMAOLM 降噪算法。

1. 数学形态学

将图 5 – 9、图 5 – 10 中的降噪处理结果用 ALSE 结合梯度滤波器进一步降噪处理，运用第 2 章中提到的三个指标进行测量，ALSE 采用非线性量子比特计算得出的结果如图 5 – 13，ALSE 采用线性量子比特计算得出的结果如图 5 – 14。

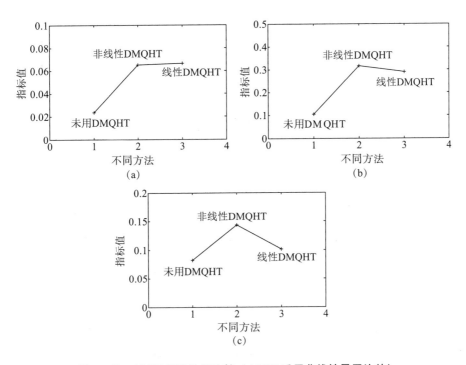

图 5 – 13　ALSE 降噪结果比较（ALSE 采用非线性量子比特）

Fig. 5 – 13　Comparison of denoising result using ALSE（ALSE using nonlinear qbit）

（a）降噪指标；（b）增强指标；（c）频率指标

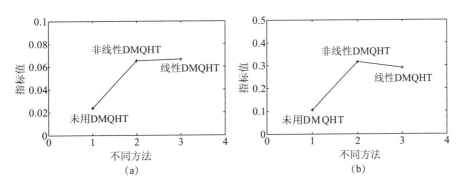

图 5 – 14　ALSE 降噪结果比较（ALSE 采用线性量子比特）

Fig. 5 – 14　Comparison of denoising result using ALSE（ALSE using linear qbit）

（a）降噪指标；（b）增强指标

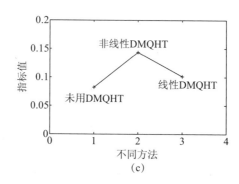

图 5 – 14 ALSE 降噪结果比较（ALSE 采用线性量子比特）（续）

Fig. 5 – 14 Comparison of denoising result using ALSE（ALSE using linear qbit）

（c）频率指标

从图中可以看出，经过 DMQHT 处理之后，三个指标都有所上升，说明经过 DMQHT 降噪方法处理之后，再采用 ALSE 进行降噪，所得故障特征更加明显，降噪效果更佳，故障信号增强更明显。

对比线性量子比特和非线性量子比特 DMQHT 降噪的结果可知，无论 ALSE 采用非线性量子比特还是线性量子比特，降噪指标上，采用线性量子比特的 DMQHT 降噪处理所得指标更优；增强指标上，采用非线性量子比特的 DMQHT 降噪处理所得指标更优；频率指标上，采用非线性量子比特的 DMQHT 降噪处理所得指标更优。

综上，DMQHT 显著地去除了噪声和增强了故障信号，使得 ALSE 的降噪效果进一步提高。

2. 双树复小波

从图 5 – 15、图 5 – 16 中可以看出，经过 DMQHT 处理之后，三个指标都有所上升，降噪效果更佳，故障信号增强更明显。对比发现，无论 QDMAOLM 采用非线性量子比特还是线性量子比特，采用线性量子比特的 DMQHT 降噪处理效果更佳。

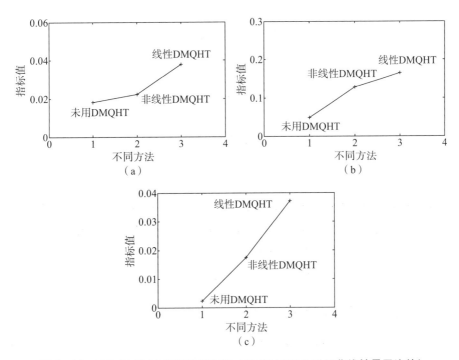

图 5 – 15　QDMAOLM 降噪结果比较（QDMAOLM 采用非线性量子比特）

Fig. 5 – 15　Comparison of denoising result using

QDMAOLM（QDMAOLM using nonlinear qbit）

（a）降噪指标；（b）增强指标；（c）频率指标

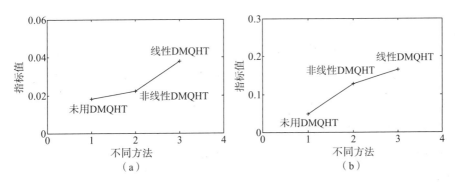

图 5 – 16　QDMAOLM 降噪结果比较（QDMAOLM 采用线性量子比特）

Fig. 5 – 16　Comparison of denoising result using QDMAOLM

（QDMAOLM using linear qbit）

（a）降噪指标；（b）增强指标

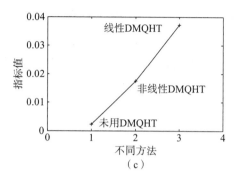

图 5 - 16　QDMAOLM 降噪结果比较（QDMAOLM 采用线性量子比特）（续）

Fig. 5 - 16　Comparison of denoising result using QDMAOLM

（QDMAOLM using linear qbit）

（c）频率指标

综上，经过降噪处理之后，再采用 QDMAOLM 进行降噪，噪声进一步降低，更加有利于故障的判定。所以，DMQHT 具有噪声去除能力和故障信号增强能力。

5.7　本章小结

为进一步探索量子理论的噪声抑制能力，解决第 3 章和第 4 章中算法对其他降噪方法的依赖，本章借助数学形态学和小波变换降噪理念，深入考虑每一个采样点中噪声和故障信息的变化，采用量子 Hadamard 变换，建立起一种用于滚动轴承故障状态下的振动信号降噪处理方法DMQHT，该方法完全依靠量子理论，轴承故障诊断试验证明了该方法的有效性。

基于量子 Hadamard 变换的降噪方法在信号的处理方式上，独立分析每一个采样点的信息，且处理方式根据每一个采样点具体情况而变化，更好地实现了采样点内部信息的挖掘。该算法充分借鉴了数学形态学和小波降噪的算法优点，在降噪处理的过程中也增强了脉冲成分，为滚动轴承振动信号提供了一种新的降噪处理方案。

　　受作者水平所限，DMQHT 算法只进行了初级探索，未进行深入研究，仍有需要改进的地方，本章的主要意义在于探索一种完全采用量子理论的方法。

结　束　语

　　本书首次开展了利用量子理论去除滚动轴承振动信号噪声的相关研究，提出了滚动轴承振动信号量子比特表达形式、振动信号多量子比特系统，研究了结合量子理论和数学形态学的降噪方法、结合量子理论和数理统计模型的降噪方法、基于量子 Hadamard 变换的降噪方法。本书从不同的角度将量子理论应用于滚动轴承振动信号的噪声去除，在降噪的同时注重故障信号的增强，为滚动轴承运行状态的在线监测和故障诊断提供了新的理论和新的实现手段。

　　本书取得的主要创新性研究成果如下：

1. 建立了滚动轴承振动信号的时域量子化表达方法

　　研究了量子叠加态的基本原理，提出了时域振动信号的线性和非线性量子化表达方法。利用量子叠加态能够同时表达噪声和有用信息的优势，将每个采样点表达成噪声和有用信息的叠加，刻画了不同时刻的采样点状态。为单独刻画正负脉冲的信息，在此时域量子化的基础上进一步设计了正负脉冲的量子化表达方法。

2. 建立了振动信号的时域多量子比特系统表达方法

针对局部时域信号只能确切地表达一种振动状态的缺陷，引入量子理论的多量子比特系统，结合振动信号的量子比特表达方法，建立了振动信号的时域多量子比特表达方法。振动信号的时域多量子比特系统具有更好地邻域状态表达能力，有利于采用量子态矢对滚动轴承的不同状态进行判别。

3. 研究了长度自适应结构元素

针对传统结构元素处理振动信号随机信息的缺陷，研究了基于量子概率进行调整的长度自适应结构元素，采用实测滚动轴承振动信号对比了长度自适应结构元素和传统结构元素的降噪能力，长度自适应结构元素明显优于传统结构元素，具有更好的降噪能力和故障信号增强效果。

4. 研究了高度自适应结构元素

针对传统结构元素处理振动信号局部特征的缺陷，基于数学形态学中梯度滤波器，研究了一种将多量子比特系统与数学期望相结合的高度自适应结构元素。高度自适应结构元素充分到考虑正负脉冲的冲击特点，有效提高了数学形态学的降噪效果和故障信息增强能力。滚动轴承故障振动信号分析结果表明，本书提出的高度自适应结构元素明显优于传统结构元素。

5. 推导了三种基于贝叶斯估计的自适应小波系数收缩方法

为克服高斯分布无法描述小波系数"高峰值"和"长拖尾"两个特

点的不足，针对小波系数的"高峰值"特征，在考虑小波系数平均值的基础上，设计一种带可调参数的一维 Laplace 概率密度函数。针对小波系数的"长拖尾"特征，充分考虑到信号虚部和实部之间的关系，提出了一种带可调参数的二维正态分布概率密度函数。针对小波系数的"高峰值"和"长拖尾"两个特征，引入混合高斯分布模型，充分考虑虚部、实部的高斯分布联系，提出了混合高斯分布模型下的小波系数概率密度函数，进一步提升了小波系数的数理统计表达准确度。

在上述三种数理统计模型的基础上，利用贝叶斯估计模型，推导了三种自适应小波系数收缩函数，并对三种小波系数收缩方法进行了分析，结果表明本书提出的三种小波系数收缩方法优于传统的阈值处理方法。

6. 提出了基于量子理论的小波系数方差估算方法

在经典小波系数方差估计的基础上，采用量子理论对信号尺度间的小波系数进行分析，对噪声和故障信息分别进行消减和增强，并采用实测滚动轴承振动信号进行分析，结果表明，与传统的小波系数方差估算方法相比，所提的基于量子叠加态的方差计算方法能够更好地区分噪声和故障信息。

7. 探索了基于量子 Hadamard 变换的降噪方法

为深入挖掘量子理论的噪声抑制能力，提出了基于量子 Hadamard 变换的降噪方法，该方法只采用量子理论完成降噪，摆脱了对其他降噪方法的依赖。该方法既具备了量子理论表达振动信息的优点，又同时融合了数学形态学中梯度滤波器、小波阈值收缩的核心思想。滚动轴承振动信号的实际应用证明，该降噪处理方法能够有效降低噪声。

尽管本书在采用量子理论对滚动轴承振动信号进行降噪方面做出一部分工作，并取得了良好的应用效果，但是受限于作者个人能力，以及时间安排的不周密、试验环境的制约，仍有大量工作需要进一步的思考，还需要更加深入的研究：

（1）振动信号包含线性量子比特和非线性量子比特，尽管从应用结果上看，仅存在微弱的差异，但这种差异在不同特点的信号间是如何作用变化的，值得深入研究。

（2）线性量子比特和非线性量子比特的不同基态概率在书中只使用了直线和三角曲线，但从量子概率幅的归一化角度来看，实际上存在着无限种可能，对采用不同函数的概率幅进行研究具有广阔的空间。

（3）第5章所提的DMQHT降噪算法从应用效果来看，可以降低噪声，增强故障信号，诊断滚动轴承的故障，但该方法的研究仍处于初级阶段，可以继续深入探索。

（4）基于量子理论的独立分量分解方法，目前已经逐步开展研究，相关学者已有论文陆续发表，研究量子理论在不同分解算法中的应用，是一个极具潜力的研究方向。

（5）智能分类是振动信号分析中的一个重要方向，目前量子理论多应用于分类器的参数寻优，将量子理论应用于分类器内部设计的研究尚属空白，有待进一步探索。

参 考 文 献

［1］杨望灿. 基于集合经验模态分解和流形学习的齿轮箱故障诊断研究
［D］. 军械工程学院硕士学位论文，2013.

［2］张星辉. 装备机械传动系统基于状态的维修关键问题研究［D］. 军
械工程学院博士学位论文，2015.

［3］张玲玲. 基于振动信号分析和信息融合技术的柴油机故障诊断研究
［D］. 军械工程学院博士学位论文，2013.

［4］Layeb A. A hybrid quantum inspired harmony search algorithm for 0 − 1
optimization problems ［J］. Journal of Computational and Applied
Mathematics，2013，253（12）：14 − 25.

［5］Mohadeseh S，Hossein N，Malihe M F. A quantum inspired gravitational
search algorithm for numerical function optimization ［J］. Information
Sciences，2013，40（4）：62 − 75.

［6］ Li P C. A quantum – behaved evolutionary algorithm based on the Bloch spherical search ［J］. Communication Nonlinear Science and Numerical Simulation，2014，19（4）：763 – 771.

［7］ Lu T C，Yu G R. An adaptive population multi – objective quantum – inspired evolutionary algorithm for multi – objective 0/1 knapsack problems ［J］. Information Sciences，2013，243（9）：39 – 56.

［8］ Akhshani A，Akhavan A，Lim S C，et al. An image encryption scheme based on quantum logistic map ［J］. Communications in Nonlinear Science and Numerical Simulation，2012，17（12）：4653 – 4661.

［9］ Li Y Y，Feng S X，Zhang X R，et al. SAR image segmentation based on quantum – inspired multiobjective evolutionary clustering algorithm ［J］. Information Processing Letters，2014，114（6）：231 – 287.

［10］ 李志农，皮海玉，肖尧先. 基于量子遗传的机械故障盲源分离方法研究 ［J］. 兵工学报，2014，35（10）：1681 – 1688.

［11］ 黄晋英，潘宏侠，李悦，等. 基于量子计算的独立分量分析算法及应用 ［J］. 振动. 测试与诊断，2014，34（01）：173 – 178.

［12］ 张培林，李胜，吴定海，等. 基于量子计算的限制波尔兹曼机网络模型及分类算法 ［J］. 振动与冲击，2015，34（24）：26 – 31.

［13］ 刘莉，谭吉春. 分数域图像混合噪声盲复原方法 ［J］. 国防科技大学学报，2011，33（03）：52 – 55.

［14］ 邓宏贵，李明辉，高小龙. 基于上下文模型的混合傅里叶 – 小波图像降噪方法 ［J］. 中南大学学报（自然科学版），2013，44（01）：166 – 171.

［15］ 申永军，杨绍普，张光明. 基于分数 Fourier 变换的自适应信号降噪方法 ［J］. 振动工程学报，2009，22（03）：292 – 297.

［16］ 鲁滇峰，倪国强，白廷柱，等. 基于分数阶傅里叶变换的量化噪声抑制方法 ［J］. 北京理工大学学报，2015，35（12）：1285 –

1290.

[17] 胡振邦，许睦旬，姜歌东，等．基于小波降噪和短时傅里叶变换的主轴突加不平衡非平稳信号分析［J］．振动与冲击，2014，33（05）：20 - 23.

[18] 孙海亮，訾艳阳，何正嘉．多小波自适应分块阈值降噪及其在轧机齿轮故障诊断中的应用［J］．振动工程学报，2013，26（01）：127 - 134.

[19] 周涛涛，朱显明，彭伟才，等．基于 CEEMD 和排列熵的故障数据小波阈值降噪方法［J］．振动与冲击，2015，34（23）：207 - 211.

[20] 王之海，伍星，柳小勤．基于二次相关加权阈值的滚动轴承声发射信号小波包降噪算法研究［J］．振动与冲击，2015，34（21）：175 - 178.

[21] 吴定海，王怀光，张培林，等．基于双树复小波包变换的空域和邻域联合降噪［J］．华中科技大学学报（自然科学版），2015，43（04）：17 - 21.

[22] 胥永刚，赵国亮，马朝永，等．基于双树复小波与非线性时间序列的降噪方法［J］．振动与冲击，2015，34（16）：135 - 140.

[23] 郭远晶，魏燕定，周晓军，等．S 变换时频谱 SVD 降噪的冲击特征提取方法［J］．振动工程学报，2014，27（04）：621 - 628.

[24] 易吉良，彭建春，罗安，等．电能质量信号的改进 S 变换降噪方法［J］．仪器仪表学报，2010，31（01）：32 - 37.

[25] 焦尚彬，黄璜，张青．基于双曲 S 变换的电能质量信号降噪新方法［J］．电网技术，2011，35（09）：105 - 110.

[26] 许同乐，郎学政，张新义，等．基于 EMD 相关方法的电动机信号降噪的研究［J］．船舶力学，2014，18（05）：599 - 603.

[27] 程卫东，赵德尊．用于滚动轴承转频估计的 EMD 软阈值降噪算法［J］．浙江大学学报（工学版），2016，50（03）：428 - 435.

［28］苏文胜，王奉涛，张志新，等．EMD 降噪和谱峭度法在滚动轴承早期故障诊断中的应用［J］．振动与冲击，2010，29（03）：18－21．

［29］李辉，郑海起，唐力伟．基于广义形态分量分析的降噪技术研究［J］．振动与冲击，2013，32（01）：145－149．

［30］于湘涛，唐苗，张兰，等．基于广义形态滤波的加速度计数据降噪方法［J］．中国惯性技术学报，2012，20（06）：725－728．

［31］李修文，阳建宏，黎敏，等．基于频域形态滤波的低速滚动轴承声发射信号降噪新方法［J］．振动与冲击，2013，32（01）：65－68．

［32］蒋章，邓艾东，蔡宾宏．基于梯度法的自适应广义形态滤波在碰摩声发射信号降噪中的应用［J］．中国电机工程学报，2011，31（08）：87－92．

［33］张文斌，杨辰龙，周晓军．形态滤波方法在振动信号降噪中的应用［J］．浙江大学学报（工学版），2009，43（11）：2096－2099．

［34］马鸿洋，郭忠文，范兴奎，等．基于量子纠错码的小型量子网络路由通信协议［J］．电子学报，2015，43（1）：171－175．

［35］易运晖，权东晓，裴昌幸，等．随机多元基量子安全直接通信［J］．吉林大学学报（工学版），2013，43（2）：515－519．

［36］马鸿洋，王淑梅，范兴奎．无线网络中基于量子隐形传态的鲁棒安全通信协议［J］．电子与信息学报，2014，36（11）：2744－2749．

［37］郭大波，张彦煌，王云艳．高斯量子密钥分发数据协调的性能优化［J］．光学学报，2014，34（1）：0127001－6．

［38］韩家伟，刘衍珩，孙鑫，等．基于滑动窗口的量子秘钥管理算法［J］．吉林大学学报（工学版），2016，46（2）：535－541．

［39］苏锦海，栾欣，郭义喜，等．一种适用于量子密钥分配网络的组

密钥协商方案 [J]. 上海交通大学学报, 2014, 48 (10): 1498 – 1502.

[40] 杨震伦, 闵华清, 罗荣华. 基于改进量子粒子群优化的多阈值图像分割算法 [J]. 华南理工大学学报 (自然科学版), 2015, 43 (5): 126 – 131.

[41] 罗玉玲, 杜明辉. 基于量子 Logistic 映射的小波域图像加密算法 [J]. 华南理工大学学报 (自然科学版), 2013, 41 (6): 53 – 62.

[42] 付晓薇, 丁明跃, 周成平, 等. 基于量子概率统计的医学图像增强算法研究 [J]. 电子学报, 2010, 38 (7): 1590 – 1596.

[43] 付晓薇, 丁明跃, 蔡超, 等. 基于量子衍生参数估计的医学超声图像去斑算法 [J]. 电子学报, 2011, 39 (4): 812 – 818.

[44] 陈汉武, 朱建锋, 阮越, 等. 带交叉算子的量子粒子群优化算法 [J]. 东南大学学报 (自然科学版), 2016, 46 (1): 23 – 29.

[45] 张磊, 方洋旺, 柴栋, 等. 基于改进量子进化算法的巡航导弹航路规划方法 [J]. 兵工学报, 2014, 35 (11): 1820 – 1827.

[46] 张宇献, 李松, 李勇, 等. 基于量子位实数编码的优化算法及轧制规程多目标优化 [J]. 仪器仪表学报, 2014, 35 (11): 2440 – 2447.

[47] Eldar Y C, Oppenheim A V. Quantum signal processing [J]. IEEE Signal Process Mag, 2002, 19 (6): 12 – 32.

[48] 王怀光, 张培林, 李胜, 等. 量子 BP 神经网络的自适应振动信号压缩及应用 [J]. 振动与冲击, 2014, 33 (19): 35 – 39.

[49] Fu X W, Ding M Y, Cai C. Despeckling of medical ultrasound images based on quantum – inspired adaptive threshold [J]. Electronics letters, 2010, 46 (13): 21 – 22.

[50] Fu X W, Wang Y, Chen L, et al. An image despeckling approach using quantum – inspired statistics in dual – tree complex wavelet domain

〔J〕. Biomedical Signal Processing and Control, 2015, 18 (4)：30 – 35.

〔51〕 Yuan S Z, Mao X, Chen L J, et al. Quantum digital image processing algorithms based on quantum measurement 〔J〕. Optik, 2013, 124 (23)：6386 – 6390.

〔52〕 Demosthenes E, Christos K. Parametric quantum search algorithm as quantum walk：a quantum simulation 〔J〕. Reports on Mathematical Physics, 2016, 77 (1)：105 – 128.

〔53〕 Bapsta V, Foinib L, Krzakalac F, et al. The quantum adiabatic algorithm applied to random optimization problems：The quantum spin glass perspective 〔J〕. Physics Reports, 523 (3)：127 – 205.

〔54〕 路亮, 龙源, 谢全民, 等. 爆破振动信号的提升小波包分解及能量分布特征 〔J〕. 爆炸与冲击, 2013, 33 (2)：140 – 147.

〔55〕 苏立, 南海鹏, 余向阳, 等. 基于改进阈值函数的小波降噪分析在水电机组振动信号中的应用 〔J〕. 水力发电学报, 2012, 31 (3)：246 – 251.

〔56〕 刘瑾, 黄健, 叶德超, 等. 旋转叶片振动信号的小波变换去噪处理 〔J〕. 纳米技术与精密工程, 2016, 14 (2)：100 – 105.

〔57〕 窦慧晶, 王千龙, 张雪. 基于小波阈值去噪和共轭模糊函数的时频差联合估计算法 〔J〕. 电子与信息学报, 2016, 38 (5)：1124 – 1128.

〔58〕 何志勇, 朱忠奎, 张茂青. 基于小波包域噪声能量分布的脉冲噪声消除 〔J〕. 仪器仪表学报, 2011, 32 (9)：2071 – 2078.

〔59〕 Niu Q, Zhou T J, Fei M R, et al. An efficient quantum immune algorithm to minimize mean flow time for hybrid flow shop problems 〔J〕. Mathematics and Computers in Simulation, 2012, 84 (10)：1 – 25.

〔60〕 Li B, Zhang P L, Wang Z J, et al. Gear fault detection using multi –

scale morphological filters [J]. Measurement 2011, 44 (10): 2078 – 2089.

[61] Dufour A, Tankyevych O. Filtering and segmentation of 3D angiographic data: Advances based on mathematical morphology [J]. Medical Image Analysis 2013, 17 (2): 1361 – 8415.

[62] Zafeiriou S, Petrou M. 2. 5D Elastic graph matching [J]. Computer Vision and Image Understanding, 2011, 115 (7): 1062 – 1072.

[63] Li B, Zhang P L, Wang Z J, et al. A weighted multi – scale morphological gradient filter for rolling element bearing fault detection [J]. ISA Transactions, 2011, 50 (4): 599 – 608.

[64] Li Q Y, Xu J, Wang W H, et al. Slope displacement prediction based on morphological filtering [J]. Journal of Central South University, 2013, 20 (6): 1724 – 1730.

[65] Shen Pan, Mineichi K. Segmentation of pores in wood microscopic images based on mathematical morphology with a variable structuring element [J]. Computers and Electronics in Agriculture, 2011, 75 (2): 250 – 260.

[66] 姜万录, 郑直, 朱勇, 等. 基于最优扁平型结构元素长度的液压泵故障诊断研究 [J]. 振动与冲击, 2014, 33 (15): 35 – 41.

[67] Frank Y, Cheng S X. Adaptive mathematical morphology for edge linking [J]. Information Sciences, 2004, 167 (1): 9 – 12.

[68] Bai X Z, Zhou F G, Xue B D. Infrared image enhancement through contrast enhancement by using multiscale new top – hat transform [J]. Infrared Physics&Technology, 2011, 54 (2): 61 – 69.

[69] Li Y F, Zuo M J, Lin J H, et al. Fault detection method for railway wheel flat using an adaptive multiscale morphological filter [J]. Mechanical Systems and Signal Processing, 2016, 84 (2): 642 –

658.

［70］李兵，张培林，米双山. 机械故障信号的数学形态学分析与智能故障诊断［M］. 北京：国防工业出版社，2011.

［71］李兵，高敏，张旭光，等. 用形态梯度法与非负矩阵分解的齿轮故障诊断［J］. 振动. 测试与诊断，2014，34（02）：295 - 300.

［72］高洪波，刘杰，李允公. 基于改进数学形态谱的齿轮箱轴承故障特征提取［J］. 振动工程学报，2015，28（05）：831 - 838.

［73］Hu Z Y，Wang C，Zhu Ju，et al. Bearing fault diagnosis based on an improved morphological filter［J］. Measurement，2016，80（2）：163 - 178.

［74］Yu D J，Wang M，Cheng X M. A method for the compound fault diagnosis of gearboxes based on morphological component analysis［J］. Measurement，2016，91（9）：519 - 531.

［75］Bai X Z. Morphological feature extraction for detail maintained image enhancement by using two types of alternating filters and threshold constrained strategy［J］. Optik，2015，126（24）：5038 - 5043.

［76］Cardoso J G，Casella I R S，Sguarezi F A J，et al. SCIG wind turbine wireless controlled using morphological filtering for power quality enhancement［J］. Renewable Energy，2016，92（6）：303 - 311.

［77］Costa F F，Sguarezi F A J，Capovilla C E，et al. Morphological filter applied in a wireless deadbeat control scheme within the context of smart grids［J］. Electric Power Systems Research，2014，107（2）：175 - 182.

［78］Jean C，Laurent N，Fabio D，et al. Morphological filtering on graphs［J］. Computer Vision and Image Understanding，2013，117（4）：370 - 385.

［79］Allan G O，Thiago M，Todor D，et al. Bird acoustic activity detection based on morphological filtering of the spectrogram ［J］. Applied Acoustics, 2015, 98 (11): 34 – 42.

［80］ Dong S J, Tang B P, Zhang Y. A repeated single – channel mechanical signal blind separation method based on morphological filtering and singular value decomposition ［J］. Measurement, 2012, 45 (8): 2052 – 2063.

［81］ Feng J B, Ding M Y, Zhang X M. Decision – based adaptive morphological filter for fixed – value impulse noise removal ［J］. Optik – International Journal for Light and Electron Optics, 2014, 125 (16): 4288 – 4294.

［82］ Fred N, Michael H F. Automatic attribute threshold selection for morphological connected attribute filters ［J］. Pattern Recognition, 2016, 53 (5): 59 – 72.

［83］ Li Y, Wu H Y, Xu H W, et al. A gradient – constrained morphological filtering algorithm for airborne LiDAR ［J］. Optics & Laser Technology, 2013, 54 (12): 288 – 296.

［84］ Liu R Y, Miao Q G, Huang B M, et al. Improved road centerlines extraction in high – resolution remote sensing images using shear transform, directional morphological filtering and enhanced broken lines connection ［J］. Journal of Visual Communication and Image Representation, 2016, 40 (10): 300 – 311.

［85］ NicolasL, Daniel R. Point set morphological filtering and semantic spatial configuration modeling: Application to microscopic image and bio – structure analysis ［J］. Pattern Recognition, 2012, 45 (8): 2894 – 2911.

［86］ Lou S, Jiang X Q, Paul J S. Algorithms for morphological profile filters and their comparison ［J］. Precision Engineering, 2012, 36 (3): 414 –

423.

[87] Lou S, Jiang X Q, Paul J S. Scott. Correlating motif analysis and morphological filters for surface texture analysis [J]. Measurement, 2013, 46 (2): 993 – 1001.

[88] Chen L P, Wang P, Xu L J. Novel detection method for DC series arc faults by using morphological filtering [J]. The Journal of China Universities of Posts and Telecommunications, 2015, 22 (5): 84 – 91.

[89] Meng L J, Xiang J W, Wang Y X, et al. A hybrid fault diagnosis method using morphological filter – translation invariant wavelet and improved ensemble empirical mode decomposition [J]. Mechanical Systems and Signal Processing, 2015, 50 (12): 101 – 115.

[90] Morais A P, Cardoso J G., Mariotto L, et al. A morphological filtering algorithm for fault detection in transmission lines during power swings [J]. Electric Power Systems Research, 2015, 122 (5): 10 – 18.

[91] Muhammad S, Muhammad A Jr, Muhammad T M. Optimal composite morphological supervised filter for image denoising using genetic programming: Application to magnetic resonance images [J]. Engineering Applications of Artificial Intelligence, 2014, 31 (5): 78 – 89.

[92] Yuan C, Li Y Q. Switching median and morphological filter for impulse noise removal from digital images [J]. Optik, 2015, 126 (18): 1598 – 1601.

[93] Zhang L J, Xu J W, Yang J H, et al. Multiscale morphology analysis and its application to fault diagnosis [J]. Mechanical Systems and Signal Processing, 2008, 22 (3): 597 – 610.

[94] 李兵, 张培林, 刘东升, 等. 基于形态梯度解调算子的齿轮故障

特征提取 [J]. 振动、测试与诊断, 2010, 30（1）: 39 – 42.

[95] Nikolaou N G, Antoniadis I A. Application of morphological operators as envelope extractors for impulsive – type periodic signals [J]. Mechanical Systems and Signal Processing, 2003, 17（6）: 1147 – 1162.

[96] Li B, Zhang P L, Wang Z J, et al. A weighted multi – scale morphological gradient filter for rolling element bearing fault detection [J]. ISA Transactions, 2011, 50（4）: 599 – 608.

[97] Li H, Xiao D Y. Fault diagnosis using pattern classification based on one – dimensional adaptive rank – order morphological filter [J]. Journal of Process Control, 2012, 22（2）: 436 – 449.

[98] Dong Y B, Liao M F, Zhang X L, et al. Faults diagnosis of rolling element bearings based on modified morphological method [J]. Mechanical SystemsandSignalProcessing, 2011, 25（4）: 1276 – 1286.

[99] Yuan S Z, Mao X, Chen L J, et al. Quantum digital image processing algorithms based on quantum measurement [J]. Optik, 2013, 124（23）: 6386 – 6390.

[100] 苏文胜, 王奉涛. 双树复小波域隐 Markov 树模型降噪及在机械故障诊断中的应用 [J]. 振动与冲击, 2011, 30（6）: 47 – 52.

[101] Torbjørn E, Taesu K, Lee T W. On the Multivariate Laplace Distribution [J]. IEEE Signal Processing Letters, 2006, 13（5）: 300 – 303.

[102] Hill P R, Achim A M, Bull D R, et al. Dual – tree complex wavelet coefficient magnitude modelling using the bivariate Cauchy – Rayleigh distribution for image denoising [J]. Signal Processing, 2014, 105（12）: 464 – 472.

[103] Hassan R, Leila B, Ahmed D E M, et al. Texture retrieval using mixtures of generalized Gaussian distribution and Cauchy – Schwarz divergence in wavelet domain [J]. Signal Processing: Image Communication, 2016, 42 (4): 45 – 58.

[104] Tang C W, Yang X K, Zhai G T. Wavelet – based hybrid natural image modeling using generalized Gaussian and α – stable distributions [J]. Journal of Visual Communication and Image Representation, 2015, 29 (5): 61 – 70.

[105] Yao Z J, Liu W Y. Extracting robust distribution using adaptive Gaussian Mixture Model and online feature selection [J]. Neurocomputing, 2013, 101 (2): 258 – 274.

[106] Florian L, Cedric V, Thierry B, et al. Fast interscale wavelet denoising of Poisson – corrupted images [J]. Signal Processing, 2010, 90 (2): 415 – 427.

[107] Dwivedi U D, Singh S N. Enhanced detection of power – quality events using intra and interscale dependencies of wavelet coefficients [J]. IEEE Trans. on Power Delivery, 2010, 25 (1): 358 – 366.

[108] Ranjani J, Thiruvengadam S J. Dual – tree complex wavelet transform based SAR despeckling using interscale dependency [J]. IEEE trans on Image Geoscience and Remote Sensing, 2010, 48 (6): 2723 – 2731.

[109] Wang X K, Wang P J, Zhang P, et al. A norm – space, adaptive, and blind audio watermarking algorithm by discrete wavelet transform [J]. Signal Processing 2013, 93 (4): 913 – 922.

[110] Zhou X, Li Z C, Dai Z, et al. Predicting promoters by pseudo – trinucleotide compositions based on discrete wavelets transform [J]. Journal of Theoretical Biology 2013, 39 (2): 1 – 7.

[111] Deepak R N V, Ratnakar D V, Banshidhar M V. Brain MR image classification using two – dimensional discrete wavelet transform and AdaBoost with random forests [J]. Neurocomputing 2016, 177 (1): 188 – 197.

[112] Yu X C, L Q g, Zhang L B, et al. Dual – tree complex wavelet transform and SVD based acoustic noise reduction and its application in leak detection for natural gas pipeline [J]. Mechanical Systems and Signal Processing, 2016, 72 (1): 266 – 285.

[113] Gorkem S, Betul E S, Halil O G, et al. An emboli detection system based on Dual Tree Complex Wavelet Transform and ensemble learning [J]. Applied Soft Computing 2015, 37 (1): 87 – 94.

[114] 董文永, 丁红, 董学士, 等. 一种小波自适应阈值全频降噪方法 [J]. 电子学报, 2015, 43 (12): 2374 – 2379.

[115] 刘奎, 张冬梅, 于光, 等. 空气耦合超声信号的小波阈值滤噪试验研究 [J]. 机械工程学报, 2015, 51 (20): 61 – 66.

[116] 吴光文, 王昌明, 包建东, 等. 基于自适应阈值函数的小波阈值去噪方法 [J]. 电子与信息学报, 2014, 36 (06): 1340 – 1347.

[117] 张志刚, 周晓军, 宫燃, 等. 小波域局部 Laplace 模型降噪算法及其在机械故障诊断中应用 [J]. 机械工程学报, 2009, 45 (9): 54 – 57.

[118] 张志刚, 周晓军, 杨富春, 等. 基于小波系数相关性和局部拉普拉斯模型降噪方法 [J]. 振动与冲击, 2008, 27 (11): 32 – 36.

[119] Xia Y, Ji Z X, Zhang Y N. Brain MRI image segmentation based on learning local variational Gaussian mixture models [J]. Neurocomputing, 2016, 204 (4): 189 – 197.

[120] Khanmohammadi S, Chou C A. A Gaussian mixture model based discretization algorithm for associative classification of medical data

[J]. Expert Systems with Applications, 2016, 58 (4): 119 – 129.

[121] Edielson P F, Anderson P P, et al. A mel – frequency cepstral coefficient – based approach for surface roughness diagnosis in hard turning using acoustic signals and gaussian mixture models [J]. Applied Acoustics, 2016, 113 (7): 230 – 237.

[122] Claudia A, Rozenn D. Robust ellipse detection with Gaussian mixture models [J]. Pattern Recognition, 2016, 58 (1): 12 – 26.

[123] Shanthi S A, Sulochana C H. Image denoising in hybrid wavelet and quincunx diamond filter bank domain based on Gaussian scale mixture model [J]. Computers & Electrical Engineering, 2015, 46 (8): 384 – 393.

[124] Jazebi S, Vahidi B, Hosseinian S H, et al. Magnetizing inrush current identification using wavelet based gaussian mixture models [J]. Simulation Modelling Practice and Theory, 2009, 17 (6): 991 – 1010.

[125] 胡晓东, 彭鑫, 姚岚. 小波域高斯混合模型与中值滤波的混合图像去噪研究 [J]. 光子学报, 2007, 36 (12): 2381 – 2385.

[126] Rabbani H, Vafadus M. Image/video denoising based on a mixture of Laplace distributions with local parameters in multidimensional complex wavelet domain [J]. Signal Processing, 2008, 88 (1): 158 – 173.

[127] Zhang L, Bao P. Edge detection by scale multiplication in wavelet domain [J]. Pattern Recognition Letters, 2002, 23 (14): 1771 – 1784.

[128] Hou X S, Zhang L, Gong C, et al. SAR image Bayesian compressive sensing exploiting the interscale and intrascale dependencies in directional lifting wavelet transform domain [J]. Neurocomputing, 2014, 133 (6): 358 – 368.

[129] Lei C, Tulsyan A, Huang B, et al. Multiple model approach to nonlinear system identification with an uncertain scheduling variable using EM algorithm [J]. Journal of Process Control, 2013, 23 (10): 1480 - 1496.

[130] Quan X Q, Liu H, Lu Z W, et al. Correction and analysis of noise in Hadamard transform spectrometer with digital micro - mirror device and double sub - gratings [J]. Optics Communications, 2016, 359 (1): 95 - 101.

[131] Tsai J, Hsiao F Y, Li Y J, et al. A quantum search algorithm for future spacecraft attitude determination [J]. Acta Astronautica, 2011, 68 (7): 1208 - 1218.

[132] Mangone F, He J, Tang J, et al. A PAPR reduction technique using Hadamard transform combined with clipping and filtering based on DCT/IDCT for IM/DD optical OFDM systems [J]. Optical Fiber Technology, 2014, 20 (4): 384 - 390.

[133] Xu J, Zhu Z M, Liu C X, et al. The processing method of spectral data in Hadamard transforms spectral imager based on DMD [J]. Optics Communications, 2014, 325 (30): 122 - 128.

[134] Zhang J J. An efficient median filter based method for removing random - valued impulse noise [J]. Digital Signal Processing, 2010, 20 (4): 1010 - 1018.

[135] Madhu S N, Mol P M. Direction based adaptive weighted switching median filter for removing high density impulse noise [J]. Computers and Electrical Engineering, 2013, 39 (2): 663 - 689.